"十三五"国家重点出版物出版规划项目

新时代学生发展核心素养文库（初中卷）

发现美的眼睛

李　钧　任继泽　著

华东师范大学出版社

·上海·

图书在版编目(CIP)数据

发现美的眼睛/李钧,任继泽著. —上海:华东师范大学出
版社,2020

(新时代学生发展核心素养文库.初中卷)

ISBN 978 - 7 - 5760 - 0118 - 1

Ⅰ.①新…　Ⅱ.①李…②任…　Ⅲ.①美学—青少年读物

Ⅳ.①B83 - 49

中国版本图书馆 CIP 数据核字(2020)第 036760 号

新时代学生发展核心素养文库(初中卷)

发现美的眼睛

总 主 编　夏德元
著　　者　李　钧　任继泽
策划编辑　王　焰
项目编辑　舒　刊
责任编辑　毛　锐
特约审读　薛　莹
责任校对　王　琳　时东明
装帧设计　高　山

出版发行　华东师范大学出版社
社　　址　上海市中山北路 3663 号　邮编 200062
网　　址　www.ecnupress.com.cn
电　　话　021 - 60821666　行政传真 021 - 62572105
客服电话　021 - 62865537　门市(邮购)电话 021 - 62869887
地　　址　上海市中山北路 3663 号华东师范大学校内先锋路口
网　　店　http://hdsdcbs.tmall.com

印 刷 者　常熟市大宏印刷有限公司
开　　本　700×1000　16 开
印　　张　7.5
字　　数　98 千字
版　　次　2020 年 12 月第 1 版
印　　次　2020 年 12 月第 1 次
书　　号　ISBN 978 - 7 - 5760 - 0118 - 1
定　　价　28.00 元

出 版 人　王　焰

(如发现本版图书有印订质量问题,请寄回本社客服中心调换或电话 021 - 62865537 联系)

总序

核心素养（Key Competencies）概念最早见于世界经济合作与发展组织（OECD）在1997年12月启动的"素养的界定与遴选：理论和概念基础"项目。经过多年深入研究后，OECD于2003年出版了报告《核心素养促进成功的生活和健全的社会》，正式采用"核心素养"一词，并构建了一个涉及人与工具、人与自己和人与社会三个方面的核心素养框架。具体包括使用工具互动、在异质群体中工作和自主行动共三类九种核心素养指标条目。

中国学生发展核心素养于2013年5月由教育部党组委托北京师范大学牵头开展研究。2014年4月，在教育部印发的《关于全面深化课程改革落实立德树人根本任务的意见》中，确定了"核心素养"的重要地位。其后，在教育部的指导下，成立了由上百位专家组成的课题组。在深入研究和征集社会各界意见的基础上，2016年9月，专家组正式发布了中国学生发展核心素养的框架和内涵。

按照这个框架，核心素养主要指"学生应具备的，能够适应终身发展和社会发展需要的必备品格和关键能力"。中国学生发展核心素养，以科学性、时代性和民族性为基本原则，既考虑了中国社会各界的期待和要求，同时也借鉴了世界各国关于核心素养的研究成果，以培养全面发展的人为核心，分为文化基础、自主发展、社会参与三个方面。综合表现为人文底蕴、科学精神、学会学习、健康生活、责任担当、实践创新六大素养，具体细化为国家认同等十八个基本要点。

2019年2月，国务院印发的《中国教育现代化2035》中指出："完善教育质量标准体系，制定覆盖全学段、体现世界先进水平、符合不同层次类型教育特点的教育质量标准，明确学生发展核心素养要求。"这说明学生发展核心素养的培养，已经进入国家决策层的视野，成为中国未来人才培养质量整体提高的必然要求。

近年来,围绕中国学生发展核心素养的内涵、外延、培养目标、培养途径等宏观问题,以教育界为代表的各界有识之士展开了广泛而深入的研究,发表了一系列颇有新意的理论成果,并在实践层面做出了可贵的探索。但是,不容忽视的现实是,系统阐释核心素养各个基本要点的基本思想、具体内容、培养途径的著作罕有问世;而能结合培养对象的年龄特点、心理特征、知识背景、社会阅历和培养目标等诸要素,可供家长、教师和学生共同阅读、参照实施的深入浅出的普及读物更是付之阙如。为此,我们特策划组织对学生发展核心素养各个基本要点素有研究、思考和实践经验的高等院校、教育科研机构和中小学优秀教师,共同编写了这套丛书。

本丛书围绕核心素养课题组提出的三个方面六大核心素养诸基本要点,分小学、初中和高中三个阶段,每个阶段针对学生年龄特点,分别按照不同要点设计选题,首批推出三十余种图书。

关于丛书体例,策划者并未做划一的规定;但为体现这套书的总体定位,我们把丛书的撰写要求提炼为四个关键词:

一、发展。以有利于学生人格健全和全面发展为宗旨,不局限于知识的传输,而是着眼于学生的终身发展,把知识积累和能力成长、社会参与、人生幸福结合起来。

二、跨界。跨越学科界限,面向学生、家长、教育工作者等多类读者,尽量就一个方面的问题从多角度展开叙述,使内容更加丰满。

三、启蒙。针对中国教育中存在的现实问题和困惑进行启蒙式的讨论,启发学生、家长、教育工作者反思,解决学生、家长、教育工作者在现实中遇到的困惑,引导学生、家长共同成长、进步。

四、对话。体现对话精神,作者与读者通过文字媒介进行平等对话交流。写作时心里装着读者,让读者阅读时能够感到是和作者在对话,让读者感受到作者的体温和呼吸。为体现这种精神,可以设置问答环节,可以采用对话体,也可以用生活中的真实事例进行阐发。

丛书策划方案定型后，得到上海市委宣传部和国家新闻出版署的高度重视和大力支持；选题列入"十三五"国家重点出版物出版规划项目后，数十位作者殚精竭虑，深入调研，认真撰稿；作者交稿后，出版社十多位编辑精益求精、全心投入，与作者密切联系，反复讨论，改稿磨稿。整个项目前后历时三年，于今终于可以和读者见面了。

希望本丛书的问世，能给广大学生、家长、教育工作者一些切实的帮助，为新时代中国人才培养工作贡献一份力量。对于丛书中可能存在的问题和欠缺，欢迎读者提出批评建议，以便在图书再版时改进。

目录

第一章

美与美的要素

说起"美"，我们一定感觉很熟悉，它是我们日常生活中常用的一个词——"我们家附近的公园可美了""昨天我读了一首很美的诗""你今天穿得真美"。我们时常把美挂在嘴边，而且不仅我们，古人也如此。早在南北朝时期产生的《千字文》一直是中国儿童习字的范本，其中就有"笃初诚美"这样的字眼。据统计，现代汉语最常用的 150 个字里就有"美"字。最熟悉的东西，是不是就意味着我们真的对它无所不知了呢？人类的思想历程告诉我们，在最熟悉的事物中，往往蕴含着最多的问题。如果有人问起，或者自己偶然进入思考，我们就会发现这个日常的、简单的字里面有很多复杂且说不清楚的东西。比如，"美"这个字本身是什么意思？什么样的东西可以被称为是"美"的？或者在什么情况下可以有"美"的感叹？"美"又有哪些性质和特点？因为"美"的复杂性，甚至产生了"美学"（Aesthetics）这一学科。德国理性主义哲学家鲍姆加登（Alexander Gottlieb Baumgarten）在 1750 年出版了著作《美学》（Aesthetica），正是从这本书开始，"美学"作为一个独立的学科建立了起来。"Aesthetica"这个词源自古希腊语，在古希腊人那里，原指人的感官、感觉、感受，或者用一个哲学化一点的词说，是"感性"。也就是说，这本书主要研究人的一种认识能力：感性。在鲍姆嘉登看来，感性领域里的东西，主要产生美的艺术,美与感性密切相关。他在书中较为系统地研究了有关美的诸多问题,这本书也因此被视为研究美的艺术的学科的开山之作。把美与感性联系在一起,是自鲍姆加登以来美学研究的基调。当然,关于美,不仅可以研究"Aesthetica",还有人试图用"Kallistik"这个名称来称呼美学,"kallos"是希腊文"美"的意思,"kallistik"表示研究"kallos"的学科,当然这个名称并不通行。还有一个名称比较通行,那就是德国哲学家黑格尔(Georg Wilhelm Friedrich Hegel)用的"艺术哲学",也就是说,黑格尔认为美主要体现在艺术上,所以,研究美的学科应该叫"艺术哲学"。

"美学"创立不过是一个契机,它像一盏灯那样照亮了一种现象。其实,无论中西,在文明的早期,思想开始之初,就都有对美的思考,几千年来连绵不绝。在鲍姆嘉登开创美学之后的近三百年间,也有无数思想家加入了美的"探索队",为人类更深入地认识美而贡献自己的力量。时至今日,我们早已明白,这个我们非常熟悉的"美",是一个广袤无垠的奇妙领域,对美的探寻是对人和世界秘密探寻的重要部分和必经之路,美与审美将对我们了解自己、了解世界起到重要的启示作用,也是自我培养的重要途径。那么让我们踏入这片领域,一览"美"的无限风光吧!

一、美的各个要素

当我们说起"美"时,首先碰到的问题是,"美"是一个什么样的东西?"公园可美了",这句话中的"美"似乎是一个形容词。而当我们说"人人都有爱美之心"时,"美"又像是个名词。美是一种感觉吗?似乎这种感觉总是跟某个事物联系在一起,人不会凭空产生美感。那么,美是一个事物吗?事物可以是美的,但是,似乎不能说哪个具体事物就是那个大大的"美"本身。像这种情况,我们会在许多其他类似的词那里碰到,比如说"真""善",比如说"道""灵魂"等等。在这里,我们其实碰到了一种特别的人文现象,这个现象就是"理念"。美其实是一种理念。"理念"是人们的一种特殊的知识对象,它来自古希腊哲学家柏拉图(Platon)的理论。柏拉图把理念当作世间一切事物的原型,即事物本来的样子,换句话说,如果说事物是我们可触可感的经验世界的东西,那么理念就是经验世界的来源,是原型。随着思想的发展,理念逐渐成了一种特别的对象,它指的是事物的来源和根据。这种来源和根据,相对于被我们称为"后天的"经验世界,我们称它为"先天的"。先天的东西具有一种特别的存在方式,就是说,它存在,因为它确实总是影响着我们,我们无法摆脱真、善、美这些东西,否则我们的世界就会失去终极意义,所以我们不能说它们是不存在的。但它们又不是实际存在的,因为我们认定事物实际存在总是有两个条件:时间和空间。任何实际存在的事物都在时间或者空间中。比如,一棵树,它有形状,也有它持续的生命。甚至一个想法,一个感觉,虽然它们没有空间维度,但它们有时间维度。它们在时间中产生,在时间中持续存在,又可能在时间中被遗忘。具有时间或者空间维度的东西,我们称它是实际存在的。理念其实没有实际存在,它作为实际存在的根据,其实我们并不能真正知道它是什么样子,它是否像一个我们面对的事物那样是对象化的,抑或是完全存在于我们的头脑中,是主观化的,我们其实并不知道。但是,因为要言说它,我们就不得不把它当一个东西来说。这样一种用后天的方式来说出的先天的东西,就叫作理念,或者说是理想。这种东西,它其实是超越我们经验或者实存世界的主观、客观的状态的。我们言说的时候把它当作对象、一个我们面对的东西,但当我们思考它的时候,不能按照我们言说的方式那样简单地把它当作一个对象。"美"这种情况就是如此。"美"是我们关于"美"这件事的根据,我们认为,这个世界上存在美的东西,我们能有美的感受,一切都因为有个"美"作为根据,但它并不等同于我们的感受,或者给我们带来美感的东西。这种理念性的东西,它不是我们一般认知能力能够认识的,比如我们不能用感觉、知觉、概念这些能力去认识它。但是,一般能力不能认识,并不代表我们不能用更高的能力去把握它,比如我们可以用理性、用直觉、用悟等方式。关于这些方式，人类思想史上提出过很多，不一定都对，但是，它们代表着人们在努力去把握那种理念性的东西。

关于"美"，我们不能用一般的认识能力去认识。但是，因为"美"，因为世界上存在着关于"美"这件事，换句话说，存在着"美"的现象，虽然我们不能够直接去认识美，但如果我们把美的现象的各个方面都把握到了，那么，在某种意义上说，我们对"美"也就有了另一种角度的认识。所以，在很多关于"美"的思想中，都不再去直接说明"美"是什么，而是努力去说明美的现象是怎么样的，那些现象分为哪些部分，各个部分有什么特点，部分和部分之间是怎么发生关系的。在搞清楚这些方面的问题后，什么是"美"，也就自然会逐渐清晰起来。

对于美的现象，人们在开始总是先分析这现象里最直接、最明显的状况是什么样的。如果你已经学过物理的力学部分，那么你一定知道，在分析力的现象时，我们首先要辨别什么是施力物体，什么是受力物体，力的关系是怎样的。施力物体、受力物体和力的关系就是力的现象的三要素。同样，在分析美的现象时，人们也区分美的各个要素。想想看，在你称赞一幅画真美的时候，哪些东西参与进来了呢？首先是人，对美的感受总来自像你我这样的某一个人，这个人产生某种感受；其次是物，人在说"美"时，总是指向某一个事物，这个事物有某种特征引起了那种感受；最后是说"××是美的"的判断，它把人与事物联系在一起。为什么说这个判断把人和事物联系在一起呢？判断的形式是，把一个东西和另一个东西联系起来，在美的判断中，"事物是美的"。这看起来没有人的参与，但是，能做这个判断，是因为事物引起了人的美感，因为这美感，我们把事物和美联系了起来。审美判断也可以看作这样一种情况：事物把自己蕴含的某种因素在人这里呈现出来，这些因素和人的感受结合，让人产生美的感受。就好像说，美在人和事物之间的某种关系中诞生了，此时，美就是一个活动，这个活动里面，人、事物都融进去了，共同创造了一个"美"。大约说起来，美的现象可以分为这三个要素，在美学里，人们分别称之为"主体""对象"和"审美判断"。其中，主体里面的主要因素，是对于美的感受,称为"美感"。审美判断又可以称为审美活动,或者就称为"审美",即在欣赏的"审"中产生美。注意,可千万不要认为不管人们"审"不"审",美都在那里,美并没有在那里等着人们去"审",而是没有"审"就没有美,美在人和对象的关系中出现和完成。

二、审美判断是具有普遍性的关系

先让我们从"审美判断"这一要求入手。从整个关系来看,即从审美判断来看,它有哪些特点呢? 很显然,审美活动首先是一种感受,而不是某种知识或者命令。当我们说某某事物很美的时候,我们并不是像发现"三角形直角边的平方和等于斜边的平方"一样发现了某条科学规律,也不是像服从某种要求一样感到自己不得不说"某物是美的"。回想一下自己看到一朵美丽的花、听到一首动人的歌的时候的情形,在其中,最重要的是我们产生了愉快的心情。"美感"是对事物的一种积极的、肯定的、认可的态度,事物让我感到满意,因而我才会觉得愉快。它并不像知识那样抽象乏味,也不像命令那样生硬冰冷。

但显而易见的是,并不是所有的积极认可和愉悦心情都能被称为美。审美的愉悦必须具有普遍性,不能仅仅是个人的愉悦。在饿的时候吃到一碗饭会让我们满意和愉快,但我们不会称这碗饭是美的;一个贪财的人因为买彩票中了大奖而欣喜异常,我们也不会称中彩票这件事是美的。因为吃饭和中奖的愉快只是当事人自己的愉快,不饿的人、不缺钱的人不会产生同样的感受。西方有句话说:"口味无可争议。"就是说,当下的、跟人的主观目的和短期目的联系在一起的喜好和快乐是不具有普遍性的,你喜欢只是你自己的事,无法指望别人也喜欢。相反,在审美活动中情况则不同,我们在说"这首诗很美""这个人很美"时,心里也暗暗地相信,别人同样会认可这首诗、这个人很美。设想一下,当你指着你觉得美的小伙伴对你的同桌说"哎,你看,她/他好漂亮呀"的时候,你最期待的是不是同桌回复道"是呀，真的好漂亮"？所以说，美的愉快感受不仅仅是自己的愉快，而是人们共有的愉快；你会认为美的对象应该有一种特定的品质，这种品质会让所有人都感到它美，就好像我们认为太阳是圆的，这圆总是存在，不以我们个人的意志为转移，它会让所有人都承认它是圆的。我们都能认识到，一般的知识或规律是普遍的，现在我们要意识到，美也是普遍的，美也是有规律的。所以说，审美判断是一种普遍的愉快。它是一种愉快，但它不是个人的；它也是一种普遍，但它引起愉快，并不引起知识。

　　"审美判断"这个词是德国大哲学家康德(Immanuel Kant)使用的，一种关系，一种活动，为什么要使用"判断"这个词呢？判断是一种关系，也是一种活动。我们也知道，判断往往用在知识上。在一般的认识中，人们根据一个规则，把感性得来的材料联系在一起，形成一个概念，或者把感性材料归属于一个概念，这叫判断。比如，我们的感性发现眼前这个图形有三条边，围成了一个闭合的形状，这符合我们对"三角形"这一概念的认识，于是我们判断说"这是一个三角形"。因为判断需依据一些认识的规则，这些规则是普遍的、客观的，所以，判断也是普遍的、客观的。用"审美判断"这个词来表示审美关系和审美活动，就是因为审美活动具有规律，具有普遍性。这也说明，人们在进行审美活动的时候，也是依据某种规则在活动，只是这种规则不像知识的规则那样可以明确规定出来，它是没有规则的规则。这听上去很奇怪，但是，这种情况我们在生活中也常碰到，比如说，我们会说一个人"举止得体"，那么什么样才是举止得体呢？大部分的时候，我们不能说清楚具体要做什么才算举止得体，但举止得体能让人感觉很舒服，觉得这个人和他所处的环境很协调。如果一个人举止得体，我们是能够直接地、不需要对照什么规则就体会到的。这种情况中，举止得体依据的规则就是一种不是规则的规则，说不出，但确实存在。审美判断就是类似这样的判断。它依据的规则，只有审美的感受发生了，才感觉得到。这种规则和规律，是一种独特的人类现象，人们对于美的现象进行研究，就是想多了解一点这种规律，多了解一点这种规律所代表的世界。

既然审美规律是不可以规定出来的，我们对它的把握，就更多地要对美的现象进行体会和观察，比如看看美发生时对象是什么样子的，主体的状态是什么样子的。更为重要的是，对象能够对你这个样子，也能够对别人这个样子；你可以达到这个状态，别人也可以达到这个状态。当对象这样呈现，主体这样感受的时候，我们可以说，美发生了，而且，这种美别人也应该能感受到，它是普遍的。

三、审美对象是蕴含"生命力"的感性事物

下面让我们来看一看美的第二个要素——"对象"。一般说来，美学被称为"感性学"是有道理的，这是因为，作为美感的触发点，审美对象首先是感性的。我们一般会把人的认识能力分为三个层级：理性的、知性的、感性的。所谓理性的能力，它认识前面我们所说的理念，认识世界的整体和终极目的，它起到一个整体的协调和引导作用，使我们的知识不断进展。所谓知性的能力，就是形成我们一般所说的知识，它包括形成概念、进行判断和推理的能力，它认识事物的普遍性和规律的方面。所谓感性的能力，它给知性形成概念提供感觉的材料，比如我们说从经验中总结出规律，这里的经验就是我们的感性经验，知性在大量经验材料的基础上形成普遍性的认识。

现在，问题在这个感性上。作为给知性提供材料的感性，那是很呆板、毫无生机的东西。但是，知性取用感性中的这方面，并不意味着感性就只能等着被知性抽象和归纳。感性其实内涵丰富，具有最鲜活的内容，审美对象呈现的主要是感性鲜活的这一面。也因此，感性就不仅是作为知性知识的材料那样仅仅是感觉。感觉是一方面，感觉时的情绪感受也是一方面，还有甚至不是感觉的、和当下感觉脱离的想象，也是感性。审美对象就是如上所说的感性的东西，或者说，是事物的符合如上所说感性的方面。

审美的感性不同于知性,同时,它还不同于要跟功利和欲望联系在一起的感性。审美对象是感性的,但是,感性的东西还会引起人的欲望,并被欲望占有和消灭。而审美事物的感性方面是不把自己引向事物能够满足人的欲望或者功利性的使用方面的,它保持自己为单纯的感性、单纯的样子。比如一朵玫瑰花是美的,它的感性方面让人产生美感,但是,它的感性方面,这朵玫瑰花,还可以被人拿来提萃精油。人们使用一个事物,使用的也正是事物的感性方面。不过,在人们的使用过程中,事物的感性被消灭了,正如一碗饭被人吃了。因为任何使用,都是把这个事物为了人的某一目的而使用,在这个意义上,事物就从属于这个目的,成了这个目的的一个手段或者材料了,不管它表面上是不是还保持原来的样子,但是它原来的样子已经不再被尊重了,因此可以说被消灭了。但是审美对象的感性,在审美中是被保持的,它不是被占有的,而是被尊重和欣赏的。可以说,审美对象是单纯的,是既不被知性抽象化,又不被功利消耗掉的感性。中国人雅好收藏,字画书籍,古董文玩。收藏其实含有占有的成分,这不是审美。但是,千年的收藏文化中,却也体现出这样一种态度,被推崇为收藏的最高境界:"曾经我眼即我有"。这其实就是一种审美的态度。一个美的事物,用眼看、用耳听就可以享受,不必把它搬回家,藏进密室。审美对象之为感性,是脱离了欲望和使用的感性。也因此,我们可以到博物馆去看艺术品,而不是非要买下它、拥有它才能够欣赏它。

感性会走向知性的解析,也会引起人们功利的使用,但审美的感性首先拒绝走向这两条路,它面对它们,单纯地停留在自己的感性中,按照某些理论家比如康德的说法,它们单纯地停留在自己的"形式"中(相对于欲望消耗掉的感性,那消耗掉的,是感性的"内容")。

但是,相对于走向知性或者使用,感性是单纯停留的,可是,感性却不会真的呆板地停留在那里不发生变化。感性单纯地停留,恰恰让感性更加生动、鲜活起来。比如我们看一朵花,如果我们带着知性的旨趣,那么,我们会在辨识出花归于哪一种哪一属后,转移注意力去关注别的东西;如果我们带着功利的旨趣,我们会把它摘下来,丢进小筐,然后转身去寻找另外一朵。但是如果我们带着审美的旨趣,我们就会蹲下来,看着它。在我们欣赏的眼光下,这朵花似乎在变化:花瓣的颜色红中带着粉,它美妙地舒展着;花萼用一种轻快的嫩绿,裹成襁褓的形状,在它的衬托下,这朵花更加娇滴滴了……在这样的静观中,美的女神悄然降落在这朵花上,你会禁不住地感叹一声:"真美啊!"这声感叹像花香一样,飘散在春天的空气里。因此,单纯的感性,反而会更加充沛和丰富。我们要思考,它的充沛和丰富是怎么回事,它是怎么做到的,是发生了什么让它充沛而丰富?我们延展着我们的感受,我们体会到,在这个时刻,花的颜色、形状,它的每一部分,没有遮挡、没有干扰地如它本身那样呈现着;花——它的整体,没有遮挡、没有干扰地如它本身那样呈现着。我们甚至还会发现,除了这朵花,这花旁边的景色,这草叶,这草地,以及延展在我们视线以外的逐渐褪散的世界,也因为这朵花的点染,没有遮挡、没有干扰地如它本身那样呈现着。花和花的世界,呈现着它们的本身,这个时候,当我们说起感性的时候,我们也许会犹豫,我们真的还停留在感性上吗?比如那个颜色本身,是当下这个颜色,但似乎我们又看到了这个颜色的本身、这个颜色的整体。我们看到的是这朵花,可是,这朵花真的不仅仅是它的感性呈现给我们的这些,因为我们分明还看到了花的整体,花的生命。我们看到的还不止这些,还有这生命背后源源不断给它支撑的大自然,让它展现自己的整个世界。可是,这整体和生命并不是仅以感性的形式被我们的感官接受,它给了感性的东西以充沛,它似乎就在感性上,但又不是感性。

是的,审美感性从来就不仅仅是感性。它和人类对感性的其他使用一样,也是为着什么而存在的。它是一个符号。所谓符号,就是用来表达另一个东西的东西。我们最常见的符号就是语言。语言有声音作为自己的载体,但是这个声音是为了表达某个意思而存在的。"汽车"这两个字和它们的声音并不是真的汽车,我们中国人却用它们来表示汽车。符号总是关系性的,审美感性作为符号,也是关系性的,感性不是仅仅停留在这里,它在这里是为了让其他的东西来到这里。

为了知性的感性,是为了让规律来到这里;为了功利的感性,是为了让目的和效果来到这里;为了美的感性,是为了让自己的整体、自己的生命和灵魂,以及自然和世界的全体来到这里。

作为特殊符号的审美感性,它和它表达的东西,关系是不一般的。一般的符号,当意义来到时,符号本身是不重要的。佛教的《楞严经》说:"如人以手指月示人,彼人因指,当应看月。"为了让人看到月亮,你用手指给他看,你当然希望他因此看到月亮,而不是不断琢磨你的手指是不是好看。但是审美符号里的关系却不一样,因为审美符号指的东西正是这符号本身的生命和整体,所以符号本身和意义一样重要。我们在领略花的生命时,花朵更加充沛,如果我们跳过花朵,试图去领会花的生命,就会发现,当我们抛弃花朵的同时,花的生命也无从寻找了。因此,审美符号是一种独特的符号,它独特,是因为它表达的直接是整体,相对的,其他符号不直接表达整体,而是表达部分的意义;反过来,也因为它要表达直接的整体,所以,这个符号对于自身的形体的要求是独特的,它要求自身的形体是感性本身,因为只有感性本身才能直接表达整体,而其他符号对于自身的形体是不做要求的,不管是什么,只要能表达它要表达的意义就行。然后,由于它表达的东西,以及用来表达的东西的这些特点,表达和被表达的东西之间的关系是直接的,互相依赖、互相渗透的。

因此,我们说,审美感性是一种关系,是一种永远无法抛弃感性的关系,是一种符号和意义对等且互相渗透的特殊的关系。

而且,在这种关系中,更为重要的,是它对它和审美主体的关系的依赖。前面我们说过,美既不在人这儿,也不在对象那儿,美是人和对象共同创造出来的。如果这世上没有人,也就没有美。世界在人产生之前就在那里了,但是没有人的世界,是没有人给它美的名称,赞叹它的魅力的。审美对象作为一种关系,这个关系是对人展现的,也就是说,那个关系是因为这个关系而产生的,因为,如果没有人,那么感性对象又有什么必要展示自身的生命呢?这世上,人也许不是唯一使用符号的生命,却是最能够使用符号、最依赖符号的生命。

于是,审美感性其实也把我们审美主体包括在了里面,我们看到一朵花,它的美好,正是我们活跃的感性能力帮助它实现的。在懂得欣赏的人的眼中,雄鸡具有亮丽的羽毛和奕奕的神采,但在不懂得欣赏的人的眼中,雄鸡可能只意味着一种食物。俄国文学家托尔斯泰(Tolstoy)说:"世界上并不缺少美,而是缺少发现美的眼睛。"在某种意义上,审美对象里面包括着它对于"发现美的眼睛"的等待。我们看到一把锁,这把锁的意义,一定包括着钥匙,例如我们可以说:锁就是能用钥匙打开的东西。审美对象也是这样,从某个角度来说,它自身富有内容,从另外一种意义来说,它就是一把锁,在它里面,蕴含着美的品质,等待着审美主体去开启。

因此,审美对象是单纯的感性,它是蕴含着自身的生命力和给它生命的整个世界的特殊符号,它是等待着审美主体来开启的一个"等待"。

四、美的主体是和谐而自由的

现在我们来研究一下美的最后一个要素——主体。前面我们说过,审美对象首先是感性的,对象感性的性质,当然需要审美主体以感性的能力去激活它们。中国的佛学讲世界有"六尘":色、声、香、味、触、法,因而人这边就要"六根":眼、耳、鼻、舌、身、意。它们共同作用,产生"六识"。对象如果是"尘",那么主体就应该是对应的"根"了。当年鲍姆嘉登写作《美学》时,其实也重点分析审美主体的能力意义上的"感性"。在审美判断里,人的感性能力被充分调动起来,变得非常敏锐。唐代诗人张聿的《景风扇物》有句:"水上微波动,林前媚景通。寥天鸣万籁,兰径长幽丛。"诗人能看到水面的微波,能听到万物的声响,其感性何等敏锐。南朝文学理论家刘勰在他写的中国古代著名的文学论著《文心雕龙》里说:"是以诗人感物,联类不穷;流连万象之际,沉吟视听之区。"善感,是作为一个艺术家最根本的素质,也是审美主体最基础的能力。

不过,犹如审美对象不仅仅是感性材料一样,审美主体在审美判断中活动的,也不仅仅是感性,而是活动着自身全部的能力。也就是说,不仅感性在动,知性和理性也都调动起来了。首先我们说知性。在一般的分类中,知性通常指的是人们对对象进行抽象化、概念化的能力,以及使用推理、归纳、逻辑的能力,它总是带着一条条规则,把这些规则应用到我们的感性材料上去,形成不同的知识。当我们动用知性去把握苹果时,眼前的苹果就成了"蔷薇科苹果属落叶乔木的果实",那些用感官把握到的性质也被拆解成了"苹果""红""圆形""甜""光滑"之类的概念,这些概念可以被方便地用于交流和研究,但那个完整鲜活的真正的苹果便不再重要了。

不过,我们不能因此认为在审美中就没有知性了,知性同样在活动,但并不会像形成知识那样彻底压倒了感性。其实,知性虽然表面上是一条条规则在运用,但它更加深层的能力其实是分辨、概括和关系的能力。这些能力,帮助感性把涌现出来的那些东西变得清晰起来,感性要实现自己的力量,需要知性的帮助。花朵的饱满,得益于光影的分明;花瓣的线条,依赖于它和草地背景的分别。进一步说,感性形象各部分产生部分与部分之间的关系,这些关系表现出一些节奏、韵律,也是需要知性帮助概括、对比和排列的。经过知性的这些帮助,感性形象就呈现出一种形式。形式感是审美感受中非常重要的因素,它融在审美的感性里,甚至就是审美的感性,它是审美感性的确定和明晰。我们知道,知性里面是充满形式的,但是知性里面的形式是抽象的,它可以写出来,比如一个公式,它可以画出来,比如三角形,它把感性抽象化。但是,在审美里面主体是把抽象感性化的,知性把自己形式的能力贡献出来,却并没有让它把感性抽象化,而是把它融在感性里,使整个感性把自己包含的谐和、力度表达出来,引导感性的生命来到感性的身体。在艺术中,有一些比较形式化的种类,比如中国的书法,比如西方现代艺术中的抽象画,这些艺术形式并不是抽象地去说明什么,而是仍然把自己当作感性的形式,比如,书法的线条是充满质感的,它有浓淡、顿挫、快慢,它就是一个感性的整体,而不是抽象。晋代书法家卫夫人《笔阵图》里说笔画的写法:"横,如千里阵云。"这种说法表示着书法中明确的感性倾向。

同样,审美的感受中,理性也不可或缺。审美对象只是表达自己的生命,只是表达自己的本身,这种整体感,需要人们用理性去感受。前面我们说过,在审美中人们的感性要敏锐,要听到"寥天鸣万籁"。但是,在万籁俱鸣的时候,却也要求主体同时能感受到寥天的辽阔空无,同样是唐代诗人的常建就说:"万籁此俱寂,但余钟磬音。"(《题破山寺后禅院》)这不是说"万籁"真的没有声音了,而是说万籁把自己的来源蕴含在自己里面,而审美主体用一种独特的灵性感悟到它。这种来源,作为万籁的来源,是不同于万籁的,对它最好的描述就是"寂",袅袅的钟声,不过是代表着这"寂"发出不一样的声音。1806 年,拿破仑(Napoléon Bonaparte)取得耶拿战役的胜利,法军进入德国城市耶拿,在耶拿大学当教师的德国哲学家黑格尔被迫躲在小楼避战。透过窗户,他看见了代表着先进文明的拿破仑率领军队行进,此时他忘记了这是敌国的首领,而只感到了一种更加进步的力量,不禁发出感叹:"我仿佛看到了马背上的世界精神。"这里,黑格尔的眼睛看到的,只是一个人,但他心里听到的,却是一个世界前进的步伐。

审美对象整体的出现,当然离不开理性的作用,但是,理性对于这个整体,并不是苦苦思索,也不是一步步推证,而是它和知性合作的时候所做的工作。在审美中,它好像并不焦虑和着急,它似乎随意地徜徉着,然后突然和审美对象的整体不期而遇,相视一笑。它不用去说什么,也不用去证明什么,它知道那就是它等待着的。成语"心领神会"比较准确地说出了这个关系:审美中,不仅是眼观耳听,同时又是心领神会,不仅是心领神会,而且是"心照不宣"。对于整体的领会,不用说出来,也说不出来,只是一个"美"的赞叹,就表达了所有从对象中得到的东西。

我们看到,在审美活动中,主体的各种能力都调动起来了,这种调动,一来,它们是在感性的舞台上共舞的;二来,它们在接纳、表现对象的时候,自己是自由而协调的。我们看到,感性是自由的,它无拘无束地涌现,没有什么让它止步和歪曲;知性也是自由的,它不要背负着自己规则的压力,去形成什么结果,而是让规则随意运动,只是规则着而已,却并不在意得到什么规则;理性也正如上面所说,不是去追索什么极致的东西,而是把自己的整体能力准备好,等着和对象不期而遇。所以,当对象呈现出美的特性的时候,主体也体会着自己各种能力的谐和和自由,这种谐和和自由,正是主体自己摒却一切任务和外在干扰,自由自在的状态,对对象满意的同时也对自己满意的状态,这种状态,就是愉悦。自己的存在本身就是愉悦。

第二章

美与真、善的关系

当提到人的境界与追求时,人们最常用到的就是"真、善、美"。在一般的认识中,真、善、美似乎是三个互不相关的并列领域,并且各自成为一门学问的终极目标:"真"是科学的目标,"善"是伦理学的目标,而"美"是美学的目标。还有很多人会觉得"美"在三者中地位最低,只能用来改善心情或调剂生活,其价值远远不及以探索"世界是什么"为目的的"真"和以探索"人们该怎样生活"为目的的"善"。实际上,真、善、美这三个领域之间并不是互不相连的,它们确实存在差异,但又在根本上有着一致性。而美在其中又有着独特的作用,它能做到真和善所做不到的事情。

一、真与科学

一提到"真",我们难免想到科学。当今的时代是一个崇尚科学的时代,科学那庞大的体系、严谨的方法、简洁的表达、丰硕的成果极大地推进了人类理解种种自然现象的进程,它所引起的技术进步也给人们的生活带来了无穷的便利,我们在衣食住行中无不享受着科学的恩惠。于是很多人产生了"科学是万能的"的错觉,把科学抬升到了非常崇高的地位。但是科学的一些特性决定了它并不是无所不能的,科学也有它自己的局限。

1. 科学的特性之一：静观性

上文说过,科学的目的是描述和总结自然现象中的种种关系。有人会觉得疑惑,难道科学的目的不是为自然现象提供解释、寻找原因吗? 怎么可能只是描述和总结呢? 要解答这个问题,我们可以想一想科学为一些现象提供的"解释"或找到的"原因"是什么。比方说,牛顿(Isaac Newton)发现物体下落和行星运动的"原因"是宇宙间存在着万有引力。但万有引力不过是一个公式,是从所有物体下落现象和行星运动现象中归纳总结出来的规律,它并不比这些现象多了什么成分,只是描述了所有这些现象。所以科学家的工作方式就如同一面镜子,科学家不试图改变自然的样貌,而是排除掉人的主观干扰,力图客观如实地反映自然,揭示出一些普遍规律或人们没注意到的现象。由于这种方式就好像一个人在面对对象时不会动手动脚,而只是安静地观察,所以我们称之为"静观性"。

静观性是科学的优点,它让科学对关系的描述变得非常准确而客观,但它也构成了科学的第一个局限。科学并不关心人为什么要描述自然,描述了自然之后会产生哪些可能的后果,而只是自顾自地在那里"静观"。在原子领域,科学家发现了原子核在融合与分裂时会产生巨大能量的现象,也总结出了原子核融合与分裂的条件与规律。但他们是否考虑过,人们为什么要了解这些规律? 当人们掌握了这些规律后,又能做些什么? 有的人会考虑控制原子能,来解决人类的能源困境,生产更高效、更清洁的能源;也有的人想把原子能一下子释放出来,成为毁灭对手的武器。于是不仅核电站,原子弹和氢弹也被发明了出来。科学应当为类似的矛盾负责吗? 其实严格来说不应该,因为这是科学做不到的事情,规范人类的行为不在科学的能力范围之中。类似的情况在近代以来的人类历史中已经多次上演,这让人们愈发认识到科学的局限,认识到科学需要外力辅助才能确保走在正途上。

2. 科学的特征之二:局部性

在前面我们提到过,科学需要动用人的知性对事物进行抽象和简化,所以在科学这面"镜子"里,事物的丰富性和全体并不是一开始就显现出来,而总是以局部开始。哥白尼(Nicolaus Copernicus)在提出"日心说"时认为所有行星都在围绕太阳做匀速圆周运动,因为他关注的重点仅仅是"地球和太阳谁在中心"的问题,对于星球运动的方式,他还是沿用了传统的说法,即天体的运动一定是最完美最具神性的匀速圆周运动。后来,德国天文学家开普勒(Johannes Kepler)根据丹麦天文学家第谷(Tycho Brahe)等人的观测数据,发现行星的轨道并不是圆周,而是椭圆。星球在椭圆轨道上的运动也不是匀速的,而是变速的。经过大量的计算,开普勒得出了著名的"开普勒三大定律",成功描述了行星的椭圆运动规律。可是,开普勒的公式并不能解释行星运动速度为什么会变化,牛顿却从地球上物体的自由落体运动找到了灵感——自由落体运动正是一种天然的变速运动,那么地上的自由落体与天上的行星运转会不会具有相同的规律? 最终,万有引力定律的发现证明了牛顿的猜想,这一个简单的公式既适用于天体的椭圆运动,又适用于地面的物体下落。这个例子对于科学的发展来说非常具有代表性,科学总是由现象的某个局部开始,不断增添新的细节、新的部分,逐渐逼近对事物整体的描述。

与静观性一样,局部性对科学来说是个双刃剑。从好的方面来看,这种层层积累、步步推进的进展方式有利于增加科学的严密性。但从坏的方面看,只有在当"事后诸葛亮"的时候人们才能理解这种严密性,在忽视事物整体的情况下展开研究,就好像在没有地图的情况下走迷宫一样,非常容易误入歧途,上面提到的哥白尼对行星匀速圆周运动的坚信就是一个例子。科学永远处在趋于完善的过程中。英国物理学家汤姆生（William Thomson）曾经在一次公开演讲中自负地表示物理学的大厦已经建成，留给后人的只剩一些修饰工作而已；在这牢固的大厦之外，只有两朵乌云影响了天空的晴朗美丽，一朵涉及光的波动性，另一朵涉及黑体辐射的不连续性。汤姆生绝对不会想到，正是这两朵乌云酝酿出了后来摧毁"物理学大厦"的暴风骤雨——量子力学。对于科学的发展状况，已经没有人敢断言它已经完善，在每一种科学理论中总有一些解决不了的问题，这些问题在日后将宣布这种理论的漏洞。科学不断追求着"真"，但"真"在科学里反而永远无法达到，今日的真理在明日很可能就成了谬误。之所以如此，正是因为科学在一开始就缺少对事物的完整把握，因而只能通过局部的累加、通过不断的自我否定来前进。

二、善与伦理学

如果说"真"关注的是自然是什么样子，那么"善"关注的就是人该过怎样的生活。为了解决这一问题，人类发明了"伦理学"这一学科。伦理学在西方起源于古希腊，亚里士多德（Aristotle）所著的《尼各马可伦理学》被认为是这一学科的开山之作。这本书将万事万物的最高目的规定为"求善"，善既是万物的目的，也是万物的本性。依循这一本性的行为就是"行善"，行善需要理性，而得到善的状态就是幸福。这些观点构成了伦理学的基础。在此基础之上，伦理学讨论正义、道德的内涵，讨论人的各种品质和天性，讨论人应当遵守的具体的行为准则。与求真的科学一样，求善的伦理学同样有着自己的特性，因而有着自己的局限。

如果说科学是静观地对待事物，为了客观地描述事物的关系而排除人的目的的干扰，那么伦理学与此恰恰相反，它关注的正是人的有目的的行为，甚至自己也参与了进去,为人应该如何生活制定目的。不论目的是满足口腹之欲、实际需求还是道德准则,所有这种关于现实目的的性质都可以叫做"功利性"。只要精神正常,人的行为总是带有一个目的、总是功利的,比如工作是为了养家糊口,学习是为了认识世界,运动是为了强健体魄等。这些目的有好有坏,引起的后果各不相同,比如在对待原子能的问题上,倘若是为了发展高效能源,原子能就有利于人类的生活,倘若是为了制造武器,那么原子能对人类来说就是个威胁。伦理学的意义在于设计和论证出最有利于人类生活的目的——"善",然后拿它比照各种具体的行为,从而判断什么是善、什么是恶。掌握了善,就好比掌握了生活的指南,只要依善行事就能获得幸福。

但伦理学最核心也最麻烦的问题就出在这个作为最高目的的"善"身上。确实存在着这样一个人人都应遵守的最高目的,没有它人类社会将无法存在和发展。但是,在这个最高目的和每一个具体行为之间是具有很大距离的,每个人都有自己的性格身世、生活环境,每件具体的事情都有自己具体的发生背景,在这种情况下,哪种行为是符合"善"的呢?

1. 伦理学的特征之一:主观性

据《庄子》记载,庄子和惠子曾经在濠水的桥上发生过一次辩论。游兴正浓的庄子说:"你看水中的小鱼,它们游得多么从容快乐呀!"较真的惠子却反驳道:"你又不是鱼,你怎么知道鱼是快乐的?"庄子听罢也反唇相讥:"你又不是我,你怎么知道我不知道鱼是快乐的?"惠子说:"是啊,我不是你,我不知道你知不知道鱼的快乐;但你也不是鱼,你肯定也没法知道鱼的快乐。"庄子回应道:"还是回到话题的开头吧,当你说'你怎么知道鱼是快乐的'的时候,不是已经知道了我的想法了吗? 我就是在这桥上知道的呀。"

两个人的辩论看似胡搅蛮缠没有意义,却能带给我们一些启示:我们是没有办法完全客观真实地了解他人的内心的。庄子最后的发言让我们明白，不论是庄子还是惠子，如果不以揣测、假设开始，不以"以己度人"的主观方式设想对方的心意，那么任何交流都无法进行下去。情绪还算能较为直接地表现在表情和身体动作上，但还是引起了两位思想家没有结果的争论，更何况人的行为动机呢？对于人的行为，我们最先见到的永远是行为的表现形式及其后果，行为的动机我们是没法直接知道的，它总是埋藏在行为者的心里。哪怕行为者亲口告诉你他那样做是为了什么，我们也完全有可能采取怀疑的态度。这样难以确证的内容，却恰恰是伦理学要去把握的东西，因为只有这样，他才能确定一个行为本身的性质，并把它与至善相比较。所以说，伦理学和科学研究的内容恰恰相反，很大程度上是对于人的内心进行研究，而内心却隐藏在幕布后，很多时候只能靠人的主观揣测。

2. 伦理学的特征之二：抽象性

行为的性质是难以探究的，当作衡量标准的"善"的存在模式也会带来麻烦。科学以从局部向整体的方式层层累进，而伦理学则对于整体进行思考，然后把它安排到具体的部分中去。这样思考出来的"至善"就缺少具体性，因而也是抽象的，存在着抽象的原则如何与具体的行为结合的问题。

这个问题表现为：伦理学通过反思，常常得出一些很正确的伦理原则，但在具体实施时，人们经常要么不知所措，要么各行其是。比方说正义吧，正义在各种道德伦理中都是一个崇高的概念，但不论是恐怖分子，还是我们，都会宣称自己是"遵循正义"的，不会有恐怖分子声称自己是邪恶的化身。从表面上看，我们和恐怖分子都服从了伦理学的要求，可流血冲突和暴力袭击依然在发生，我们也不会认同恐怖分子是善的。为什么会有这样的问题？因为"正义"这个词太抽象了，它在不同的人群、不同的社会、不同的文化里可能会有完全不同的理解。所以伦理学的愿望很美好，想要找到放之四海皆准的最高目的；现实却很残酷，这些最高目的因为"最高"而空洞乏味,人们还是得按照各自的理解来执行。法国大革命时期的政治家罗兰夫人(Jeanne-Marie Philipon Roland de La Platière),在1793年被送上断头台前,曾经发出过这样一句广为传世的名言:"自由啊,多少罪恶假汝之名而行。"说的就是抽象原则在具体运用时难免出现偏差的情况。

三、美的独特地位和意义

总的来说,科学和伦理学分别以知性和理性为基础。科学以感性为材料,以理性的召唤带动知性运动形成自己的主要形态,知性应用抽象和归纳能力以及各种范畴规则,在形形色色的现象中总结出简洁普遍的规律,形成知识,并逐步积累知识的进步。伦理学则对于感性具体的行为,应用知性的比照和反思能力,分辨世间万事的动机和根据,总结和设定种种根据的特征,最终建立一个理性高度上的世界与人生的"至善"。知性倾向于安排事物、化简事物、区分事物,因而总是难以把握事物的整体。而伦理学以整体为自己的主要论述范围,但对于整体的规定,却不得不借助于抽象的知性,从而在与具体性联系时发生困难。但是人是完整的,一个部分发生缺憾,必然会有另外的部分来补充它、平衡它。因此,人有真、善,还有美,有知识和意志,还有情感。真、善有欠缺的部分,恰好就是美的活动空间,美是真与善的襄助、是科学与伦理的桥梁。

1. 坚守感性,融合知性和理性

从"美学"建立之初,人们就已经把美与感性牢牢地联结在一起了。与知性不同,感性并不安排、简化或区分,它直接与事物发生关联。如果用知性的态度对待一朵花,我们得到的或许是被抽象出来的"红色""香气""放射形"等概念,或许是对这朵花的生物学分类。如果是用功利的态度对待花,就会考虑拿这朵花来做什么。在这两种态度中,那朵呈现在我们面前的花都将被抛弃或者消耗掉。但倘若我们用纯然的感性看待这朵花,那么它那活泼的生气和新鲜感将被保留下来。我们当然能用感官感知到它的颜色、气味和形状,但我们又是在关系中把握这些各自独立的感官性质的,包含了这些性质的花的形式和整体并不会被忽视,反而更生动地呈现出来。德国解释学哲学家伽达默尔(Hans-Georg Gadamer)曾经用"光"来形容美,在他看来,美和光有着相同的性质,即让对象本身鲜明地显现出来。换句话说,对象带着自己的整体直接而鲜明的显现本身就是美。

有的人可能会觉得,感性是人天生就有的,而知性的解剖刀却需要学习、磨练才能变得锐利,理性更加需要对于整体性把握的训练。因此理性和知性比感性更加重要,更加高级。殊不知,审美的感性、纯然的感性并不是那么容易获得的,它同样需要磨练,否则世界上"发现美的眼睛"就不会那么少了。在很多情况下,我们已经习惯了知性地对待事物,事物的感性显现反而是陌生的了。举个例子,当听到马路上的车喇叭时,你最先浮现在脑海里的是"有汽车",还是车喇叭的声音本身呢? 我想大多数人会说是前者。审美不仅需要感性,而且需要纯然的感性,因为纯然,它反而以一种特殊的方式将知性和理性融合其中,所以它是极丰富、极敏锐的感性,还是极端清晰的感性。欣赏美绝不仅仅是说一句"啊,真美呀"就可以了,这种除了"美"什么都说不出来的欣赏才真的像鲍姆加登所言,是低级的、混乱的认识。英国哲学家维特根斯坦(Ludwig Wittgenstein)在剑桥大学演讲时,也曾经拿音乐当例子打趣说,如果哪个人在欣赏音乐时只会说"真好听",那就和小狗听到音乐只会摇尾巴一样没有什么意义。相比之下,让我们读一读冰心在《观舞记》中对舞蹈的欣赏:

我不敢冒充研究印度舞蹈的学者,来阐述印度舞蹈的历史和派别,来说明他们所表演的婆罗多舞是印度舞蹈的正宗。我也不敢像舞蹈家一般,内行地赞美她们的一举手一投足,是怎样地"本色当行"。

我只是一个欣赏者,但是我愿意努力说出我心中所感受的飞动的"美"!

......

我们虽然不晓得故事的内容，但是我们的情感，却随着她的动作，起了共鸣！我们看她忽而双眉颦蹙，表现出无限的哀愁，忽而笑频粲然，表现出无边的喜乐；忽而侧身垂睫，表现出低回宛转的娇羞；忽而张目嗔视，表现出叱咤风云的盛怒；忽而轻柔地点额抚臂，画眼描眉，表演着细腻妥贴的梳妆；忽而挺身屹立，按箭引弓，使人几乎听得见铮铮的弦响！在舞蹈的狂欢中，她忘怀了观众，也忘怀了自己。她只顾使出浑身解数，用她灵活熟练的四肢五官，讲述着印度古代的优美的诗歌故事！

这段优美的文字反映了冰心敏锐的审美能力。她准确地把握住了舞蹈中的各种要素，比如身体、动作、装束、眼神，又通过丰富的联想和活跃的情绪将种种要素相互关联，为其增光添彩，通过这些，舞蹈之美才在其中迸射出来。

虽然舞蹈赏析如此精彩，冰心却依然谦虚地称自己并不是内行。因为对真正的行家而言，只有敏锐的把握、丰富的想象还不够，必须要学会在审美的感性中容纳知性、理性成分。行家在欣赏艺术之美时，必须透彻地分析艺术作品的方方面面，比如绘画的主题、构图、用色、线条，音乐的旋律、调性、织体、配器，诗歌的立意、炼字、句式、章法，等等。在感性的整体把握的基础上，知性、理性与感性完全可以和谐共处，动用上述分析的框架可以更有效地帮助欣赏者发现、理解感性中的关系，从而强化对象带来的美感。相比之下，科学和伦理为了普遍有效性而诉诸抽象性，而感性关系却通过自身的和谐与充沛获得了普遍性的根据，从而具有在人间的共通感。排斥感性虽然可以让理论变得明确，让原则变得高远，但事物的那种丰富完整，同样可以一清二楚，可以给人相契之感。从这个角度看，以感性为基底的美做到了真和善做不到的事情。

2. 既需距离，又要亲切无间

在静观性上，美与科学有着相近的地方。这种相近，主要指的是它们都是无功利的，不会为了一个主观或者外在的目的去看待事物，而是就事物本身来看待事物。前面我们提到，涉及目的常被称为"功利性"，所以美学里有个专门的说法叫"美的无功利性"。

由于美是无功利的，就好像我们在欣赏美的对象时它并不能被我们随手取用，而是离我们有一段距离，所以在美学里还有一个与无功利性相关的概念，叫"审美距离"。瑞士心理学家爱德华·布洛(Edward Bullough)在 1912 年发表了文章《作为艺术因素与审美原则的"心理距离"》，首次明确地用"距离"来分析美感的来源。在这篇文章中他用海雾为例子解释了什么叫"距离"：

设想海上起了大雾，这对于大多数人都是一种极为伤脑筋的事情。除了身体上感到的烦闷以及诸如担心延误日程而对未来感到忧虑外，它还常常引起一种奇特的焦虑之情，对难以预料的危险的恐惧……

但这恼人的海雾同样也可以变成迷人的美景：

……你也同样可以暂时摆脱海雾的上述情境，忘掉那危险性与实际的烦闷，把注意力转向'客观地'形成周围景色的种种风物。

所谓"摆脱海雾的上述情境"，指的就是不让海雾干扰你的实际需求，虽然仍身处雾中，但在心理上把海雾推到了不会影响现实生活的远处。大家所熟知的"距离产生美"这一说法正是来自这里。相比于无功利性，审美距离的范围更大，它不仅从积极意义上指出，美的对象不能作为达成目的的手段，也从消极意义上指出，美的对象同样不能阻碍和干扰目的的实现。为了满足这两个条件，欣赏者必须主动在心理上把对象推到远处。

虽说在审美时，我们排除了对象的功利性，把它放在远处，但审美的静观还是与科学的静观不同。在科学研究中,科学家对研究对象的静观更准确来说是一种"冷漠"的态度,对象并不引发科学家的情绪。而对美的对象的"观",却是需要人把自己加入进去才能实现的。也就是说,对象不为所用,只为呈现,但是呈现的实现却需要审美的主体:我自身完全投入才能做到,才能让对象的形象、形式、整体呈现出来。也因此,审美主体也在审美活动中得到极大的改变,从而激起情感,甚至反过来将这些情感投入到对象中去,使对象呈现。这样的例子在中国古代的诗词中屡见不鲜,比如白居易在《长恨歌》中写道:"行宫见月伤心色,夜雨闻铃肠断声。"月亮的颜色如何伤心? 铃铛的声音又如何断肠? 这些都是诗人将自己的情绪转移到了对象里。不仅欣赏,创作也是如此。刘勰在《文心雕龙》的《神思》篇中分析文学家的创作心理时说"思理为妙,神与物游",创作者的精神与事物亲密无间,好像在交往嬉戏,以至于"吟咏之间,吐纳珠玉之声;眉睫之前,卷舒风云之色。"

审美距离和审美的投入并不矛盾,因为它们指的并不是同一个层面的事情。美的对象在功利的层面与我们保持一定的距离,但在能力和情感的层面上,需要我们全身心投入,对象才会向我们打开它不是功利性和抽象性的一面。

物我的亲密无间有两个方面。其一是由物到我的方面。人们常说,想要创造美、欣赏美就要有一颗敏感的心,能够充分捕捉物对我的影响。《文心雕龙》的《明诗》篇说"人禀七情,应物斯感;感物吟志,莫非自然",《物色》篇说"情以物迁,辞以情发",两句讲的是同样的道理:外物能够激起人内心的情感波动,把外物引发的情感用语言写出来,就成了漂亮的诗或文章。相反,内心驽钝如铁的人就很难在美的欣赏与创作上有所成就。

另一方面,也就是由我到物的主动方面,在美学中也有一个专门的说法,叫"移情"。艺术家和欣赏者把自己的感情移到对象里,就好像对象本身也具有感情一样,我与物因而达到了你中有我、我中有你的合一状态。如果情感只是我内心的情感,那么它就是主观的,科学和伦理都因此而力图清除情感的影响;但当我们把情感外化,投射到对象中时,情感就具备了客观性,成了可以在人与人之间相互感染的普遍的东西。

移情是中国古代诗文艺术中最常见的审美与创作方法。早在《诗经》的"赋比兴"中,情感的外化现象就已经存在了。西方美学中"移情"的影子最早出现在修辞学里,属于"隐喻"的内容。19世纪末20世纪初,德国心理学家、美学家里普斯(Theodor Lipps)和英国批评家浮龙·李(Vernon Lee)等人才将"移情"在审美中的作用发扬光大,他们认为移情作用不仅能投射我的情绪,还能投射我的感受。比如人在欣赏石柱时会产生"石柱在向上耸立"的感觉,这是因为人把自身置入了石柱的处境,从而将"我向上顶住了压力"投射为"石柱向上顶住了压力"。这样一来,对象也被人化了,仿佛具有了人的生命和活力。

把审美距离的"远"和物我无间的"近"结合起来,确实能解释许多审美现象。按照一般人的理解,美是带来愉悦的东西,那么为什么会有许多人喜欢看悲剧,喜欢听哀伤的音乐,喜欢各种以消极情绪为主题的艺术呢? 这是因为一方面,我清楚地知道悲剧中的故事、音乐中的愁思并不是发生在我身上的,我本身并没有经受实际的苦难,和它们有着安全距离;另一方面,我的情感与那些艺术作品中的情感又能产生共鸣,我可以在不受实际损害的情况下欣赏和体会它们。以此为基础,亚里士多德在其专论史诗和悲剧的《诗学》中提出了著名的"净化说"。他认为,负面情绪如果在内心中堆积太多会对身心产生不利影响,需要一定的途径宣泄出来。悲剧提供的正是这样一个合理可控的宣泄渠道,欣赏者的负面情绪被悲剧引发起来,却又不会产生现实的危害,这样一来郁积的情绪就安全地发泄掉了。

四、美对真、善的促进

在讨论了科学、伦理和美各自的特点之后,我们可以看到,美在代表真的科学和代表善的伦理学的薄弱之处起着作用,弥补二者的不足,帮助它们更好地发展。

在我们的印象里,科学家似乎个个不苟言笑、严格认真,科学研究也是整天面对着瓶瓶罐罐和符号数字,这一切貌似都和美扯不上关系,甚至排斥美的参与,然而美有助于科学发展的例子并不少见,许多科学家都证明了这一点。学过生物的你或许知道,生命的遗传物质 DNA 有着漂亮的双螺旋结构,但是这个结构十分微小,人类哪怕借助显微镜也是看不到的。于是科学家只能用 X 光照射 DNA,用 X 光经过它后产生的变形——科学上称为"衍射",来间接推测 DNA 的结构。这种方法的问题在于,从一种 X 光的衍射图样能推测出多种可能的结构,科学家要再从这些可能性里一一检验筛选,工作量十分庞大。DNA 双螺旋结构的发现者之一、诺贝尔生理学与医学奖得主沃森(James Dewey Watson)却称,他之所以能发现双螺旋结构,是因为他坚信 DNA 的微观结构一定是优雅美观的,这让他在众多可能的结构模型中迅速锁定了漂亮的双螺旋型结构,事后的检验证明了他是正确的。法国数学家庞加莱(Henri Poincaré)则更加直截了当地说,想要成为一名出色的数学家,审美的潜质比逻辑的潜质更加重要。数学公式的简洁美观从来就是数学家们的主要追求之一。由于美用感性把握了科学难以把握的事物的整体,因而在很多情况下,美就可以充当科学所缺少的那张"地图",指引科学更快更好地走出迷宫。

至于美对善的辅助,历史上更是屡见不鲜。许多具有重大历史意义的政治、社会变革都是以美与艺术领域的变革一马当先的,比如欧洲 14 世纪以来的文艺复兴,中国近代的新文化运动,以及从美国扩展至世界的"嬉皮士"运动等等。在欧洲,伦理与宗教一直是分不开的,基督教兴起后,神就是最高的善。但经历了中世纪宗教压迫的人们渴望提高人的地位,渴望让人性在神性中占据一席之地,于是人们将这种渴望首先付诸艺术,形成了文艺复兴运动。画家们不再像中世纪那样把神描画得不近人情,而是赋予他们人的慈爱、温柔、亲切。此外,画家们还热衷于把现实的人(比如雇主)的形象画进宗教题材画里,好像活生生的人也直接参与了那些渺远而神圣的宗教事件。曾经神是一个高高在上、只能崇拜的存在,而通过文艺复兴的艺术,人们认识到神和人之间并非完全隔膜,在神对人的爱和人对神的敬中,神和人融为一个真正充实的整体,艺术也因此促进了神学原则的变革。美的艺术可以赋予抽象的原则以具体性,可以更方便地唤起人们的赞美之情,审美距离又可以缓冲新观念、新原则对人们现实生活的冲击,使人们在内心中更容易地接受它们。

美既沟通了真,又沟通了善,在美中,真善美三个领域也和谐地融为了一体。其实,真善美有着相同的最高追求,那就是自由和幸福。科学让我们深入地了解了自然事物,这样一来自然万物对我们来说就不是陌生的,在其中我们可以像在自己熟悉而亲切的家里一样放下戒备。伦理学希望建立一个生活的共同原则,如果人人都能自发遵守这个原则,那么人与人之间就不会再有矛盾和摩擦,我们在陌生人之中也就如同在家人之中一样能感受到爱与温暖。这两个愿望听起来像不可实现的幻想,但美却在一定程度上让它们成为现实。在抛除外在目的、保留整体丰富性的情况下,美让人们与对象亲密无间,这昭示了科学的愿望;在无碍功利的普遍的愉快中,人们相互认可,美美与共,这昭示了伦理学的愿望。正因此,古往今来无数思想家在审美的领域看到了人类自由与幸福的未来。18世纪末,德国诗人、美学家席勒(Friedrich von Schiller)在与丹麦王子的书信中深入讨论了审美教育的问题,这27封书信被汇编为著名的《审美教育书简》。在其中席勒揭示了现代文明对人性的分裂:"享受与劳动,手段与目的,努力与报酬都彼此脱节,人永远被束缚在整体的一个孤零零的碎片上。"作为这个分裂的解决方案,他高度赞扬了审美的意义,他认为当人进入审美状态时,人心灵中理性与感性的分裂得到了弥合,从而成为自由和谐的个人,而自由和谐的个人又将构成自由和谐的社会,因此审美教育对现代人来说势在必行。虽说这些观点稍显理想化,却对后来的美学和美育思想影响深远。晚清至近代以来,面对中国的内忧外患,王国维、蔡元培等不少心怀天下的学者纷纷提出,应以审美教育来拯救国民的精神。时至今日,"美与自由"这一话题也仍在启发着有志于改善人类生活的人们。

第三章

美的标准的社会性与历史性

　　美是有规律的,这意味着,美具有普遍性,它反映了人和人之间的共同性。在前面的讲述中,我们也领略到,这种普遍性植根于人人都能够达到的自我能力的自由与和谐感,只要达到这种和谐感,那么就会产生美感。这也意味着,一个对象以及它的氛围,如果能够使一个人产生美感,也应该能让其他和这个人受过同样教育、具有同样发现美的眼睛的人产生美感。

　　但是,我们马上就会意识到,人和人是不一样的,对于同一个对象,并不是所有人都会感到美,甚至同一个对象,在不同的环境下也不一定会让同一个人感到美。我们说,不同的人在进行审美判断的时候是有不同"标准"的。当然,这并不是说审美是个公说公有理,婆说婆有理的事儿,而是,审美有规律,这个规律并不像知性的规律那样一成不变,当它具体到不同的人群和不同的时代时,可以在内容上有所变化,所以我们说,审美规律和审美的"标准"不一样,"标准"指的是在具体的人群中,他们进行审美判断所依据的更为具体的规律。规律成为"标准"是有弹性的,小范围里弹性小,大范围里弹性大;同一个时代弹性小,不同的时代弹性大。对这个问题进行探讨,就会发现审美规律不是僵化不变的东西,而是随着文化和历史而变化的。

一、什么影响了我们的审美标准

审美标准就像本能一样影响着我们，只要一接触到符合这些标准的关系，我们就会立即感到愉快，反之则立即感到不愉快。因此有人猜测，用于判断关系是否协调的标准和我们的生理结构有关。他们说，我们的神经系统有一个承受来自对象的刺激的范围，只要对象给神经系统的刺激超出了这个范围，我们就会觉得不快，相反则会觉得快适，比如光太刺眼、声音太刺耳会让我们觉得难受，柔和的光、轻柔的声音则令人放松。同时，神经系统的特性又来自我们的遗传基因，因而这个标准和范围会随着人类的繁衍而代代相传。这种说法似乎能解决围绕着美的三大困难：第一，美的标准来自何处（来自生理结构）；第二，为什么审美标准在人群中是普遍的（因为它被编码在人类的遗传基因中）；第三，为什么我们说不清愉快的原因（因为它就是一种生理本能）。面对这样的说法，我们需要站得更高一点，看得更远一点，不仅要审视自己的审美经验，也要放眼不同人群、不同国家、不同文化，这样我们就能发现上面的"生理结构说"其实是站不住脚的。因为既然人都是同一种生物，那么似乎就应该拥有同一种标准，但事实并不是如此，在不同的社会和历史中，存在着不同的审美标准。

1. 对同一个人来说，在不同场景中的审美标准是不同的

判断某一对象是否美的标准并不单一。上美术课时老师或许会讲"站七坐五盘三半"，这说的是人的头部与身体高度的关系（头身比）。在站立时人的头和身高的比例是 1：7，端坐时是 1：5，盘腿而坐时是 1：3.5。在现实生活里，如果一个人的头太大或太小，过于偏离这些比例，就会显得很难看。然而如果你喜欢看卡通片，就会发现动漫里的许多人物都不符合这个比例，比如为大家所熟知的光头强，

站立时头身比只有1：2多一点，再比如《名侦探柯南》中所有大人的身体都接近1：7的比例，而柯南等小朋友却只有1：4。假如我们判断人体关系是否协调的标准来自生理结构，那么它就应该像我们判断一种颜色是否是红色一样，不论红色出现在哪里，我们都能感到它是红色；那么与此相似，只要人的头身比不符合上述比例，不论在什么情况下，我们都应该感到丑。然而事实是，我们在看卡通时并不会感到别扭，甚至会夸这些角色设计得好看。

再举一个听觉上的例子：科学认为如果噪音的大小高于90分贝，人体就会出现生理上的不适反应，但在摇滚音乐会现场、舞厅、卡拉OK厅等场所，声音往往会接近100分贝，人们却能乐在其中。这两个例子表明，判断的标准并不主要在于生理因素，而在于我们欣赏时所处的情境。我们不会拿现实中人物的身体比例去判断动漫人物，也不会拿为了学习和工作而制定的噪音标准去判断摇滚音乐和卡拉OK。在欣赏一个事物时，我们总是先有意无意地判断自己和对象所处的情境，然后才根据情境来把握和判断这个对象。同样是一个苹果，在饥饿的人面前是可以充饥的食物，在生物实验室里是可以用于实验研究的材料，但如果它在画框里或照片上，就成了可以被欣赏的美的对象；同样是一个小便池，如果在厕所里它就可能是令人嫌恶的，但是，当人们知道它是著名艺术家迪尚（Marcel Duchamp）的"作品"并被搬进了博物馆，它就成了举世闻名的艺术品——不要惊讶，这是发生在艺术史上的真实故事。对象是美还是丑？对象的各种关系是否和谐？在不同的情境下我们有不同的标准。倘若我们不知道《蒙娜丽莎》的作者是达·芬奇（Leonardo da Vinci），而以为是一个无名学徒的画作，倘若它是在市场的地摊中被发现的，或许它就无法拥有如此这般崇高的声誉了。

2. 处在不同的社会和历史背景的人，审美判断的标准也会不同

在不同的历史时期、文化背景中，判断某一对象是否美的标准也不是完全相

同的。让我们再拿人体来举例子。唐代人眼中的美人和现代人眼中的美人是不一样的。从唐代流传至今的画中可以看出,唐代美人大多身材较胖,衣着宽松,眉毛被修剪成圆点的形状,如果现代人也如此装扮自己,走在街上肯定会吓人一跳。中国人和西方人眼中的美人也是不一样的,我们往往喜欢眼睛大、双眼皮、皮肤白的外貌,很多人为了保持皮肤白皙而打伞、涂防晒霜。但西方人一到夏天就喜欢往有太阳的地方钻,他们喜欢较深的肤色,眼睛不需要很大,甚至有人通过调查发现,他们分不清单眼皮和双眼皮。所以很多国际选美大赛的获奖者在我们中国人看来并不漂亮,反之,中国人认为潇洒或美丽的影视明星在外国人眼里也没什么出众的地方。

还有更极端的例子:根据唐玄奘在《大唐西域记》的记载,古代西域有个龟兹国,这个国家的人觉得头越扁越好看,于是"其俗生子以木押头,欲其遍递也",就是说龟兹人会用板子夹住小孩子的头,让孩子的头长得很扁;现在,也有一些较原始的部族觉得脖子越长越美,所以用越来越多的金属环套在脖子上,把人的脖子拉长,以致颈椎骨变形。在我们眼中,这两个例子不仅是难看,甚至是骇人听闻了。每个国家、每个时代都有自己的文化环境,而不同的文化环境孕育了不同的审美标准。我们觉得某一事物是协调的,但在外国人眼中,在古代人眼中,它可能并不协调——甚至我们父母一辈的标准和我们这一辈的标准就已经不完全相同了。但是,处在相同文化圈中的人们往往有着相同或相近的审美标准。

3. 审美判断的标准是可以变化的

随着社会环境的变迁、跨文化交流的深入,甚至个人年龄的增长、对对象认识的深入,判断某一对象是否协调的标准也会产生变化。这种变化是没法用"生理结构"来解释的。诺贝尔文学奖获得者奥尔罕·帕慕克(Orhan Pamuk)在他的代表作《我的名字叫红》中描述了一段真实的文化冲突。当欧洲的油画传入奥斯曼帝国时,遭到了本国细密画画师的强烈反对,这是因为西方油画可以用"焦点透视"的绘画技巧处理事物的轮廓、光影、位置关系,从而在平面上画出物体的立体感,而细密画并没有画出立体感的意识,奥斯曼人也觉得立体感是不可忍受的。小说中坚持传统画法的人甚至为了阻止欧洲绘画技巧的运用而害人性命。但同时,小说也表现了随着王室的认可,这种技巧慢慢被接受的现实。

　　类似的情况也发生在中国,但过程要温和得多。传统中国画同样不把立体感当作绘画的重点,明代时,西洋画渐渐传入中国,中国画家在经历了一段时期的惊讶和感叹后便把这种技术与中国传统画法结合了起来。明末著名画家曾鲸(字波臣)就是其中佼佼者,他的人物画"每画一像,烘染数十层,必匠心而后止"(姜绍书《无声诗史》),即先用淡墨勾勒轮廓,然后采用西洋画的技巧,按照光源位置和对象形状层层渲染阴影,开创了"波臣派"这一中西合璧的画派,为世人所称道。更有意思的是后来的乾隆皇帝,他命当时担任宫廷画师的意大利画家郎世宁(Giuseppe Castiglione)画下自己在阅兵时的英姿,于是郎世宁创作了《乾隆皇帝大阅图》,画中的乾隆采用西洋画法画成,背景中的山石却是传统的中国山水画的样式,两种画风结合在一起却并不让人觉得别扭。

　　一个文化群体中的人起初可能会排斥另一个文化群体中的美的标准,认为它是丑,但随着交流的加深、自身的适应,这种排斥可以转变为接纳和认可,甚至自己的标准可以和外来的标准和谐相处、相互配合。相信我们应该也有过这种经验:对一些第一眼看起来不怎么好看的朋友,随着交往日益密切、关系日益亲密,我们会慢慢觉得对方并不难看,甚至觉得美了。审美判断标准的这种可塑性同样是难以用生理因素来解释的,因为生理因素在个人身上往往十分稳固,不会轻易地发生变化。

二、审美标准的"语境"

总结一下以上三方面的内容：不同的情境下，个人会有不同的标准；不同文化和历史背景中，人群会有不同的标准；随着文化、阅历等的发展变化，个人的标准也会发生变化。如果把情景、历史文化背景、阅历水平等等要素统称为判断对象美丑的"语境"，那么我们会发现，语境和人的关系深刻地影响了我们对于美丑的判断。

"语境"是一个语言学的术语，它的本义指一段文字或语言的上下文。我们对一段文字里面某个语词意义的理解，不能够孤立地理解它的词典意义，而是应该结合它的上下文来更好地理解它在这段文字中的真实意义或者是微妙的暗示。这个术语后来被广泛运用，可以泛指一切交流、书写、行动、认知的背景环境。我们所处的文化、社会、历史阶段，以及我们的个人经历、受教育程度、思想观念等，共同构成了我们做出审美判断的语境。按照前文的分析，当我们在审美关系中把握对象的整体与其中的种种关系时，美感就产生了——这其实是一个理想化的情况。实际上，我们能把握到哪些关系，在这些关系中能否感到愉快，是被语境所限制的。语境与我们的关系很难被察觉，因为我们很少从一个语境突然转换到另一个截然不同的语境，很少感受到自己的标准和周围人的标准的巨大差异，因而我们常称语境的影响是"潜移默化"的。但只要通过假设，通过想象，通过对别的情景、别的国家、别的文化、别的群体的了解和认识，语境的影响也不难被察觉。这时我们就会惊讶地发现，在"××是美的"这样一句简单的判断背后，原来隐藏着那么复杂的原理和机制，很多结论甚至挑战了我们的常识：不要以为断定某个事物为美完全是我们自主的决定，它的作者是谁、它被放在哪里、它如何呈现在我们面前、我们身处哪种文化、我们经历过什么等等，都在影响着我们对它的判断标准。

这么说来，在审美方面我们就是语境的奴隶了吗？当然不是。语境是会变化的,而作为有灵性的生命,人类也可以自发地认可与适应不同的语境,审美判断恰恰是人接纳和认可不同语境的契机。如果有人与你在关于"第一对象是否是美的"问题上产生了分歧,你该做的不是对这个人表示不满,或者对美的崇高性产生怀疑,而是应该敏锐地意识到你们的语境可能存在一些差异,意识到自己的语境并不普遍,它是有局限的。这种差异会促使我们认识、反思自己的语境,从而脱离自身语境的束缚去理解对方的语境。如果双方在语境层面最终达到了相互理解,那么在审美判断上也就相互认同了。

让我们回顾一下西洋画法在中国流传的例子。起初,西洋画的画法肯定会让中国画家感到惊奇与不适应,但通过对西洋画的研究,中国画家明白了这种画法的要旨——严格、精细地再现画家本人眼中所见的东西,这是当时西方人绘画的普遍旨趣。虽说这种观念与"贵神似不贵形似"的中国画有很大差异,但毕竟"应物象形"自古以来也是中国画家的追求之一,可见中西两种艺术语境虽各有特点,但也有相通之处。在此基础上,中国画家渐渐理解了西洋画的画法,也学会了在其中获得美感,最终尝试着将两种画法结合起来形成新的绘画流派。在两种画法结合的背后,其实是中西两种语境的融合,西方语境的因素已经被吸收进了中国画家的语境之中。

小到人与人之间,大到文明与文明之间,只要人们怀着足够敏感、包容的心态,不同的语境都可以发生融合,使得审美判断的标准,以美的规律的最终实现为目标,从不同走向相同、从个别走向普遍。所以说,美的普遍规律不像红色或香味那样是现成的,只要大家一接触事物,就都知道它是红的或者是香的。美的普遍规律是一个逐渐产生的过程:美的普遍规律起初看似很难把握,我们便留意到语境的差异;因为语境可以融合,美最终能够具有普遍性。因此,我们在此前遇到的"普遍"与"标准"的不一致其实并不是矛盾,二者本来就是一个过程的两端。矛盾之所以发生,是因为我们只关注了两端而忽略了过程。这就好比种子成长为一棵大树,倘若我们忽略了成长过程,就只能看到种子和大树是完全不同的东西。

中国著名社会学家费孝通在一次演讲中总结了"十六字箴言"：各美其美，美人之美，美美与共，天下大同。这句话极好地概括了美对人类文明和平共处的作用。我们既要发现自己身上的美，也要学会欣赏别人的美，当大家做到赞美共同的事物并互相赞美时，天下大同的目标就将成为现实。希望大家增长对美学的兴趣，积极了解美学的知识，因为它不仅关乎愉快与幸福，也关乎真善，更关乎人类的愿景与世界的未来。

第四章

自然美与艺术美

美终究是人和对象发生关系所产生的,我们可以说,我们在审"美",我们在感受"美",但"美"本身并不是一个我们实际能接触到的对象。美是一件事情,在这件事情里,包括了几个环节,审美主体,审美对象,以及审美关系等。审美对象指的是,能够和我们发生关系,并给我们带来审美感受的事物,它和我们一起交流,形成美的现象。所以说,凡是能给我们审美感受的对象,都是审美对象。按照美学的经典分类,美的对象有两种——自然美和艺术美。自然美指的是这样一类美的东西:它们非由人造,是属于大自然的事物。与此相对,艺术美则是人类在人的历史发展中,有了艺术的观念,在艺术这种观念驱使下,以"创造"的方式专门生产出来,专门供人们引发审美情感的东西。

一、自然美

德国哲学家黑格尔著有三卷本的《美学演讲录》,这部著作是西方美学思想的主要著作之一。他在这本著作里看不上自然美,因为他认为,"(哪怕)任何一个无聊的幻想,它既然是经过了人的头脑,也就比任何一个自然的产品要高些,因为这种幻想见出心灵活动和自由"。黑格尔坚持认为美存在于对象和人的关系中,只有人创造的东西才有可能是美的。当然,人创造的东西不是都美,但至少这些人的创造物体现了人的意图(心灵和自由),体现了人要表达的东西,当这些意图和表达的东西达到整体的层次上时,这些创造物就是美的,就是艺术品。相比之下,自然只是自顾自地存在于人的心灵之外,它不是人创造的,没有人赋予意义,所以就无所谓心灵与自由,也就谈不上美丑了。因此他把"美学"称为"艺术哲学",也就是说,审美只能和人为创造的艺术品有关,在根本上和自然是没有关系的。

这个看法当然是片面的。我们可以说,如果没有人类出现,自然当然无所谓美丑,但是人类出现以后,人不仅会自己创造符号,创造表达自己体会的艺术品,人也会借用自然来作为符号,在自然中体会意义。而且,如果把自然看作是一个更为崇高和伟大的创造者创造的东西的话,那么,人在自然中体会到的意义,会超越艺术品,获得更大的效果。因此,自然也是可以成为审美对象的。

1. 自然体现宇宙的美

大自然亘古长存,但人类出现以后,它就不再是黑黝黝的没有意义的东西了,因为它已经进入了人类的生活中,让自己有了意义。人类很早就把自然当作了"文",正如《文心雕龙·原道》篇中有句话说:"日月叠璧,以垂丽天之象;山川焕绮,以铺理地之形。此盖道之文也。"就是说,日月像玉璧一样,向我们展示天上的意义;而山川则如彩带,铺陈出大地的纹样。这些就是宇宙的创造力量:道给我展示出来的作品呀。也因此,我们会常常感叹山的巍峨、水的秀丽,赞赏花的优美、月的皎洁,对人类而言,大自然就是艺术品,似乎充满了美。

有人对自然的美的追求达到了"癫狂"的程度。宋代诗人林逋隐居杭州孤山,不问世事,仅以种梅养鹤为乐,世人称他"梅妻鹤子",即认梅花为夫人,认鹤为孩子;宋代书法家米芾爱石成癖,经常因赏石荒废公务,更有一次对着石头称"石丈",并作揖行礼,留下了"米芾拜石"的典故。

前面我们说过,自然事物固然不是人工产品,所以,它的生成并没有赋予人的意图,也没有赋予人对于自己、对社会、对人生以及对宇宙的理解。所以,它里面,并没有人有意无意留下的意义。但是,自然里面就没有意义了吗?人工的产品里面蕴含了人的意图、感受,所以,"符号"总是人为的。但是,人的意图归根到底不是为了让自己活得有意义而要把自己根植在宇宙的整体之上吗?人对于意义的追求,不是"欲穷千里目,更上一层楼"地最终走到整体上去吗?这个整体,西方称为"本体"或"神",中国称为"道"或"天",它会把意义赋予人,再由人把它赋予人工制品,难道它就不会在自然事物中直接赋予意义吗?这个意义在人类没有出现之前,是沉寂的,在人类出现之后,借用美学家李泽厚的说法,自然就会走向一种"自然的人化"。这样的"人化"有狭义和广义两种,狭义上的"人化"指的是人类通过劳动对自然进行改造,它虽不产生美,却是广义的"人化"的基础;广义的"人化"则指的是随着社会历史的发展,人和自然间的关系发生了根本的改变,自然不再是与人无关的领域,人可以认识自然中的各种关系、把握各种规律,甚至为其添加各种精神意义(比如道德)。至此,自然对人类而言才会产生美感。所以,在人类面前,自然向来就是充满意义的。法国诗人波德莱尔(Charles Baudelaire)曾经说过:"自然是一座神殿,那里有活的柱子,不时发出一些含糊不清的语音,行人经过该处,穿过象征(符号)的森林,森林露出亲切的眼光对人注视。"自然是有意义的,它等待着人们对它进行各种理解,也等待着人把它的每一个部分当作整体来理解,当作美来理解。

在前面我们得到了"审美是感性的""审美是非功利的""美是对关系的把握"这几个结论,它们当然也适用于自然美。人类面对自然,当然会有很多种态度,"符号"从总体上看,会有不同的跟人类发生关系的途径。对于自然,人类最主要的态度就是为了自己的生存,实践生产,改造自然、取用自然,当因为自己的生存和自然发生关系以后,人类会发展出其他对于自然的关系,包括审美关系。当面对一湾溪水时,如果你想到的是可以在这里钓鱼,煮锅鱼汤,满足自己的口腹之欲,那这溪水当然不会成为美的对象。如果你舀出一碗水来,分析里面的微生物含量,那也没法从水感受到美。想要从中把握到美,你需要静下心来,凝视水的涟漪,聆听水的声音,感受水的清凉,同时也不能忘了周围幽静的树木、灵动的鱼鸟,总之你需要在溪水给你的直接感觉、感受中,体会水隐藏在感受背后的各种关系,感受这些关系所指向的水的本身、自然的本身等等。所以想要感受自然美,先决条件就是排除欲望和功利,具有感性的敏感,从而具有把握关系的能力,感受到感性事物丰富的意蕴。

2. 自然美的社会性

获得审美的态度,具有审美的能力,无疑是与人类社会紧密相连的。人类并不是在一开始就会欣赏自然美。对原始先民来说,大自然不过是食物、用材的来源,是抗争、崇拜、畏惧的对象,这种情况下,人们当然不会对自然感觉到什么美。能够把自然美用艺术表现出来,是人类体会到自然美的最佳例证。但不论中西,在早期艺术中都不存在这种歌颂自然之美的艺术。欧洲的古希腊文明诗歌繁盛,但无论是古希腊的史诗还是抒情诗,其主题无外乎战争、家族、爱情、神话等,几乎见不着对自然之美的歌颂,真正歌咏自然的诗歌直到在罗马帝国流行的牧歌(一种描写田园风情的诗歌体裁,罗马著名诗人维吉尔(Virgil)的十首《牧歌》是其中的典范)中才渐露头角。至于欧洲的早期雕塑和绘画,自然风景更仅仅作为人物和场景的装饰与陪衬,风景画晚至 17 世纪才在欧洲自成一派。回看中国,中国的《诗经》里虽然有"桃之夭夭,灼灼其华""蒹葭苍苍,白露为霜"这样描写自然景物的佳句,但其目的在于"起兴",在于引出某件事、某种品德、某个道理,自然之美并不独立地出现。绘画则几乎只有人物画。从流传至今的各种文献来看,在那时,自然除了提供生产、生活资料以外,对人们来说最重要的精神意义在于"比德"和

"玄思"。前者说的是人们把某些自然景物与人的德行关联起来,把人的道德品质投射到自然事物上,比如孔子说"仁者乐山,智者乐水"就是如此;后者指的是人们从自然现象中感悟出某种道理,比如《庄子》记载庄周在"雕陵之樊"看到螳螂捕蝉黄雀在后的场面,悟出了"物故相累、二类相招"的道理。这种比德和玄思的风尚更多关涉的是人的修养和对宇宙的认识,而不是审美。一直到魏晋时期,单纯歌咏自然的山水诗才从讲天地大道理的玄言诗中衍生出来,谢灵运的《石壁精舍还湖中作》十分典型地反映了山水诗诞生之初的样貌:

> 昏旦变气候,山水含清晖。
>
> 清晖能娱人,游子憺忘归。
>
> 出谷日尚早,入舟阳已微。
>
> 林壑敛暝色,云霞收夕霏。
>
> 芰荷迭映蔚,蒲稗相因依。
>
> 披拂趋南径,愉悦偃东扉。
>
> 虑澹物自轻,意惬理无违。
>
> 寄言摄生客,试用此道推。

前六句隽永凝练地描绘了诗人一路所见的美景和内心愉悦的感受,唯独最后两句算是玄言诗的尾巴,讲了做人要淡泊从容、遵守天地万物运行规律的道理。不久之后,自然景物也从人物画中独立,慢慢演变为山水画科,隋代展子虔的《游春图》是现存最早的山水画作。

可以说,只有当人类真正具备了驯服自然的能力,不再需要担忧自然的威胁时,才能脱离与自然的功利关系,"静下心来"去欣赏自然,这时宇宙赋予自然的整体性意义才会走到前台——这是自然美的社会历史基础。

自然的意义,既然来自更大的创造者,其本来意义就比某个人类创造者更大、更丰富,但也因此更含糊。人工制品的意义,很大部分由创作者给予,创作者总是有局限性的,所以,它给出的意义是和自然的意义不一样的,它更有限,但是更加清晰。所有实际存在的东西都是有限的,整体的东西要通过具体的感受才能显示出来。自然的意义具体会带来什么样的审美感受呢? 这就更加依赖欣赏者对于自然的解读了。对于自然美的感受,个人和社会历史的因素会带来不同的效果。首先,审美主体个人的经历会影响对自然美的欣赏,一个从小在山沟里长大的孩子,每天看着大山,对大山无比了解,他或许不会像刚走进山区的城市孩子那样,容易感叹山的巍峨雄壮。其次,一时的心境也会影响到我们对自然的欣赏。人在高兴时,眼前的自然风景更容易产生美感,就像唐代诗人孟郊,他科举考试及第,便"春风得意马蹄疾,一日看尽长安花"。但倘若心情不好,触景生情,自然景物反而会加剧消极情绪,就像处在国破家亡状态中的杜甫面对花鸟,也只能"感时花溅泪,恨别鸟惊心"了。

个人经历和心境会影响自然美的具体内容,社会环境和历史发展的不同也会影响对自然的审美。身处不同的文化和社会中,也就是在不同的语境中,人们对自然美的感受也是不同的。前面我们提到,在对自然美的真正欣赏产生之前,中国人常用"比德"的方式将某种道德寓意附加给自然事物。这并不意味着在人们开始欣赏自然的美之后就抛弃了"比德",它反而被融合进了美的体验里。美来自对对象所包含的各种关系的把握,对象在文化历史中所形成的与美德的关系当然也是美的一部分。中国人非常喜欢梅花,而梅花所象征的高洁、坚韧是赏梅不可缺少的要素,不论是"零落成泥碾作尘,只有香如故""宝剑锋从磨砺出,梅花香自苦寒来"这样的诗句,还是唐寅、陆复的传世丹青,都切实地彰显了梅花那铮铮傲骨的美。这对中国人而言已经是自然而然的事情了,对西方人却并非如此,在欧洲文明中,梅花并没有与"高洁"等品性关联起来,他们所感受到的梅花的美与我们所感受到的美是有很大区别的。反过来,在欧洲的传统中,由于基督教的缘故,百合花与纯洁、优雅、神圣等宗教观念紧密相关,很多建筑、雕塑、绘画都乐于使用百合花的形象,比如传统哥特式教堂的塔尖形状就是脱胎于百合的。但在中国人眼里,百合的美更常体现的是"百年好合"的爱情,百合花在中国涉及的是与在欧洲不同的关系,所引起的美感自然也是不一样的。

自然不仅可以和艺术品一样给人审美体验,甚至能够达到很高的艺术水平,超越一般艺术品给人的影响,从而更大更好地起到提升人的境界的作用。中国古代诗歌有首名作,即唐代诗人张若虚的《春江花月夜》。诗中,诗人在月夜之下,在茫茫江水之畔,看到了这样的景象:"春江潮水连海平,海上明月共潮生。滟滟随波千万里,何处春江无月明。"因为这个景象,让诗人起了这样的感慨:"江天一色无纤尘,皎皎空中孤月轮。江畔何人初见月?江月何年初照人?人生代代无穷已,江月年年只相似。不知江月待何人,但见长江送流水。"这是什么样的感慨呢?诗人不仅看到景色空蒙静谧,而且还看到了这景色后面透出的宇宙和时间的本体,因为这些,感受到无数人间的历史兴衰,无非是周而复始,恍如空幻。这是多么忧伤的体会,又是多么崇高的感悟呢?现代诗人闻一多在他著名的诗评《宫体诗的自赎》中评论这首诗时这样说:"更夐绝的宇宙意识!一个更深沉更寥廓更宁静的境界!在神奇的永恒前面,作者只有错愕,没有憧憬,没有悲伤。"这样一种境界,是古诗中少有的,因此,此诗是"诗中的诗,顶峰上的顶峰"。不能不说闻一多先生能够准确细致地体会到这首诗中的"宇宙意识",具有很高的审美水准。不仅如此,这首诗中其实还有很强的"时间意识",即在浑噩的日常中感到时间的流逝,一切那么透明,一切又那么虚幻,时间本身,那永恒,在水月镜花后面向无奈的我们露出遥远的面容。这种对于宇宙生命整体性的把握,是审美中的最高境界了,试想,如果不是大自然,那个"海上明月共潮生"的景象,还有什么人工制品,能够有这么好的形式让人们体会到这些呢?

3. 自然美与艺术美互相启发

自然具有独特而丰富的审美价值,但并不是说它就可以和艺术这个人工的产品分离开来,而独立存在,自然美和艺术美是紧密关联的,这种关联体现在以下两个方面。

首先,在很多情况下,是艺术教会了我们如何去欣赏自然。与自然发生关系的能力是人与生俱来的,但能欣赏自然美却要经过培育,否则在远古时期人类就能够把握自然的美了。对人类而言,对于自然美的欣赏是晚于艺术的产生的,而且,对于自然的美,很多是通过艺术来呈现给我们的;对个人而言,想要体会自然的美就必须经过艺术的"培育"。西方绘画史上有一个"巴比松画派",因其成员都居住于法国的巴比松村而得名。这些画家不满于学院派油画将自然宗教化、历史化、陪衬化的做法,因而走出画室,在巴比松村附近创作了大量优秀的写生作品,为欧洲风景画和后来印象派的产生做出了重大贡献。有趣的是,巴比松村本是一个贫穷荒凉、无人关注的小村庄,现在却因为这些画作而名声大噪,越来越多的人通过它们才发现,这个籍籍无名的村子原来有着如此美丽的风景。这样的例子并不少见,甚至也发生在我们身上。试想,倘若我们从来不知道那些表现梅花高洁品质的诗篇,那么我们该如何知道梅花所象征的道德意义呢?在面对梅花时,我们还能产生那种夹杂着钦佩与敬仰的赞叹之情么?描绘自然的艺术如同一面透镜,它将大自然的美集中而强烈地呈现给了我们,同时也帮助我们在内心中形成属于自己的透镜,为我们以美的方式把握自然做出了典范。

反过来,对自然美的体会,给了人们进行艺术创作的基础和材料。以直接的自然为审美对象,与欣赏艺术品中表现的自然,很难分得开,而且,还有大量的艺术品是以自然、生命为原型而变形创作出来的。具备了欣赏自然美的能力说明人已经有了艺术家的潜质,在创作表现自然之美的艺术作品之前,艺术家必然首先感受到了自然的美。刘勰在《文心雕龙》中专设《物色》一篇,用来讨论欣赏自然对文学创作的影响。他写道:"物色相召,人谁获安?是以献岁发春,悦豫之情畅;滔滔孟夏,郁陶之心凝;天高气清,阴沉之志远;霰雪无垠,矜肃之虑深。岁有其物,物有其容;情以物迁,辞以情发。"这段话说的是,面对大自然中纷繁绚烂的种种景象,人们是很难无动于衷的,春夏秋冬的景色各有各的特点,也能在人心中引发不同的情感，正是因为有了这些情感，文学家才有了创作灵感的源泉。意大利的美学家克罗齐（Benedetto Croce）则更加直截了当地认为，人对某物的直觉同时就是对某物的表现。这话的意思很值得推敲。对事物的直觉（克罗齐的直觉就是一般我们说的直观）是什么呢？看起来事物是原本放在那里的，我们只是接受它。但其实并不是这样，直觉、直观，是人对于对象最简单最基础的关系能力，事物是通过我们的直观而呈现的，我们的直观能力其实是一种构型能力，它就像一双巧手，赋形于事物，使事物从一个黑暗的不可知中呈现出来，因此，直觉即表现。当我们欣赏自然时，一旦我们把握到了自然的美，我们其实已经能够表达自然的美了，也就是说，自然就在那一瞬间成为艺术品了。此时的自然，应该是鲜亮的、明澈的、富含情感的。要将之再次表现成为现实的艺术作品，依靠学习、训练，依靠创作技巧就可以了。

所以说，自然美和艺术美也并不是在根本上对立的，艺术能够指引我们欣赏自然，而在欣赏自然时，我们也已经如同艺术家一样在心里进行着"创作"活动，二者形成了一个不可分割、相互促进的循环。

二、艺术美

作为审美对象的，主要是艺术品，即艺术审美的那个对象。艺术和美一样，是存在于各种关系中的，不过，它的中心点，是艺术品。艺术品是被人所创造出来的、供人欣赏审美的对象。只要一提到"美"，我们总会不由自主地联想到艺术，在大多数时候，人们会把艺术当作美的核心、美的典范。当代美学家蒋孔阳先生认为：艺术就是创造，而艺术创造就是审美现象的核心。我们要知道，把艺术作为审美核心和典范，是人类审美行为向来的做法，它对审美现象产生了很深的影响。

1. 艺术品的分类

艺术品是审美对象,这个对象包括它实际存在所依托的媒介,即它的表现形态。按照媒介形态,艺术品可以被大致分为以下几种:

视觉——绘画、雕塑、建筑

听觉——音乐

语言——诗歌、小说、散文

此外,还有综合性艺术。综合性艺术即综合了各种表现方式的艺术,比如表演艺术,就包含了视觉、听觉、文字(很多戏剧的剧本本身也具有很高的文学价值,例如莎士比亚(William Shakespear)的《哈姆雷特》和汤显祖的《牡丹亭》等)三种。近现代以来,随着新媒介的不断出现、新想法的不断产生,属于"艺术"这一家族的成员也越来越多。一方面,电影、电视,甚至电子游戏等曾经仅被视为大众娱乐手段的东西纷纷获得认可,成了艺术领域的新秀;另一方面,更多违背了艺术基本规则的东西,比如不是"被人所创造的"(机器人绘画等)或者不"美"的东西也成了艺术,这一现象在现代与后现代艺术中表现得尤为明显。

从艺术的媒介上,我们可以看到审美的感性特征和非功利性特征。审美不仅仅是感觉,过于感觉的东西往往和欲望与功利联系得太紧密,所以嗅觉、味觉都没有发展出成熟的艺术。而且,审美的感性更多是想象性的,因此,语言虽然不是感觉媒介,但却成了最重要的艺术媒介。但终究,审美对象是感性的,是想象性的。

2. 艺术品的各种关系

前面说过,美具有各种要素,美是各要素关系的综合。艺术也是有围绕着艺术品的各种要素和关系的,所以我们说,艺术存在于各种关系中。美国文学理论家艾布拉姆斯(M. H. Abrams)有部很有名的著作叫《镜与灯》,这本书的第一章对这个问题做出了富有启发意义的分析:

　　每一件艺术品总要涉及四个要素……第一个要素是作品,即艺术产品本身。由于作品是人为的产品,所以第二个共同要素便是生产者,即艺术家。第三,一般认为作品总得有一个直接或间接地导源于现实事物的主题——总会涉及、表现反映某种客观状态或与此有关的东西。这第三个要素便可认为是由人物和行动、思想和情感、物质和事件或者超越感觉的本质所构成,常常用"自然"这个通用词来表示,我们不妨换用一个含义更广的中性词——世界。最后一个要素是欣赏者,即听众、观众、读者。作品为他们而写,或者至少会引起他们的关注。

　　这一段论述解释了艺术作品存在于其中的四个"维度"——作品、艺术家、世界、欣赏者。对艺术作品的把握大致说来总脱离不了这四个角度。我们用白居易的《钱塘湖春行》作为例子简单演示一下这四个维度。

钱塘湖春行

孤山寺北贾亭西,水面初平云脚低。

几处早莺争暖树,谁家新燕啄春泥。

乱花渐欲迷人眼,浅草才能没马蹄。

最爱湖东行不足,绿杨阴里白沙堤。

　　作品:这首《钱塘湖春行》的体裁为七言律诗,是唐代以来兴起的一种诗歌形式。七言律诗每小句有七字,两小句为一联,共四联,分别名为首联、颔联、颈联、尾联。除了这个语言形式,本诗还有它表达的景观和情感,还可以细分为形式和内容,各层次的形式和内容互相结合在一起,形成一个整体性的作品。这首诗首联先点明钱塘湖的位置与概貌,"平""低"给人以开阔、安慰的感觉。随后分别描绘了湖边莺燕与花草的美,由静转动,"几处""谁家""渐欲""才能"这四个主观性的词汇也使得自然景色与"我"被这景色引起的各种心理情绪交融在一起。最后一联重又把描绘对象拉回钱塘湖,由颔联、颈联的动态之美转回树荫沙堤的静态之美,在形式和内容上完成了首尾呼应的回环。

艺术家:白居易是唐代著名诗人,"新乐府运动"的领导者,提倡平易近人、反映现实的诗风,本诗也反映了他清丽浅近的风格。创作该诗时,白居易正五十出头,任杭州刺史,在杭州做出了疏井、修堤、治旱等功绩,受到百姓爱戴。总的来说,此时的白居易生活较为快意,这种愉悦轻松的心境也体现在这首诗上。在了解了他所处的时代背景、创作风格和技巧倾向以后,我们还可以具体体会分析他在创作这首诗时对于景色的选取、意象的塑造以及情感的渗透方式,还可以分析遣词造句的技巧对于他精确勾勒与畅适心境表达的作用,也就是分析他的创作运思过程。

世界:这首诗创作时离唐代的"元和中兴"不久,大唐国力有所恢复。但此时北方的幽州卢龙军节度使朱克融已经带领河朔三镇叛乱,本在中央任职的白居易因为上书讨论三镇叛乱的事情不被采用,才申请调职杭州担任刺史。所谓钱塘湖即杭州西湖,是古往今来无数文人雅士流连忘返的地方。诗中所出现的"白沙堤"即连接断桥的白堤,但它不是由白居易主持修建的堤坝。大唐的国势、春天的西湖、白居易的经历和感悟以及当时的心境,就是被这首诗的内容作为背景的世界。要注意的是,实际的世界与诗歌表现的景色、感觉等是不同的,前者是客观的,后者是主观的。客观的世界可以被不同地感受,比如同样的西湖春景,在心情沮丧的人眼里,就不一定是"浅草才能没马蹄"那样轻快明媚的了。被不同地感受着并且用独特而唯一的方式表达出来的是作品,作品的内容是主观性的、个性的,是作者心中的世界,作者用他创造的作品,表达这个意境,试图把读者带进他的感受里去。

欣赏者:前面提到过,本诗的一大巧妙之处即在于使用"几处""谁家""渐欲""才能"四个主观性词语将自然和第一人称的"我"结合起来,将欣赏自然之美时的心绪直接地传达出来。倘若你去过西湖,饱览过西湖的美景,那这首诗可以轻易唤醒你游览西湖的记忆；倘若你没去过也没关系，因为这种手法非常容易使欣赏者产生代入感，引导我们依据这种心绪想象出诗人所见之景与所感之情。在很长的时间里，关于美的思想不重视欣赏者的作用，认为作品产生了，有没有欣赏者都影响不大。20 世纪 60 年代，西方兴起了"接受美学"，非常重视作品和欣赏者的关系。它认为，作品真正现实地存在于欣赏者的欣赏中，在欣赏者的心中，而不是在作品中，因为，如果没有读者，一首诗写了什么有意义吗？诗里的内容，就像封存的美酒，而美就像陶醉，没有人品酒，酒便失去了醉人的意义，同样，没有人欣赏，美就没法发生。欣赏者在欣赏作品时，其实是参与了作品中意义的复活的，就像前面说的，你可以用你的记忆来应和诗人给你的图景，或者用想象力来想象那个图景，你还可以有自己的感受，把自己的感受添加在诗里面。总之，欣赏不是单纯的接受，而是积极的创造，就像前面我们说自然美一样，我们不用去揣摩自然包含着创造者的什么意图，而是就在对于自然的欣赏中自己体会、自己创造那种意义。

这首诗就这么存在于诗人的心里，在他的推敲创作中，在它和世界的对比中，在同时代以及无数后人的阅读感受中，在这隽永组合的 56 个字中。所以说，诗不仅仅在这个形式里，它以这个形式为核心，铺展在一个相当大的现实面上，而且不仅存在于当时，它还存在于历史中，读者的每一次解读，都将它激活一次，而且还呈现出不同的面貌。可以说，作品、艺术家、世界、欣赏者所构成的四维框架比较有效地帮我们理解了艺术的存在方式。当然在艾布拉姆斯之前，也有很多思想家注意到了这些维度，比如孟子就曾经提出了"以意逆志"（《万章上》）和"知人论世"（《万章下》）的观点，后者说的是要对作者本人和所处的时代有所了解（涉及艺术家、世界），前者说的是要从作品本身推断作者的思想。可是这个四维理论并没有一劳永逸地解决所有问题，它只是把与艺术美相关的各个要素摆了出来，却没有讲明白它们之间的关联和原理——就好像在研究一台机器时，只是把它的零件拆分开来给大家看，这样还是不足以弄清楚机器为什么会运作。这些都需要我们进一步去思考每个环节和各环节之间的关系。

3. 艺术是多种语境融合的场所

这里,我们再多谈谈艺术美的欣赏者维度。我们已经知道,审美判断主要发生在欣赏者这里。近半个世纪的审美现象研究,特别是西方哲学解释学和美学的接受理论以及文学的读者反映批评等理论兴起以后,我们更加准确地把握了美发生的场域,也帮助我们更加了解了美的内涵。我们知道,一件作品,产生自一个在特定时代、特定处境和特殊气质的作者,作者把他的审美感受置入作品中,我们可以说,作品蕴含着一个世界,一个作者的世界,或者用我们前面讲过的话来说,一个"语境"。这个语境保存在作品里,作品就像一个契机,等待着被阅读、被审美。而欣赏者,同样也是在一个特定的时代和环境中生存,同样自己也带着一个世界、一个语境。当一件作品从艺术家的手里跨越时间和空间来到欣赏者的面前时,就像两个人相遇,展开的审美过程就是一场对话,在这件作品身上发生的其实是不同语境间的碰撞和交汇,语境和语境最终达到融合。西方哲学解释学提出者,德国思想家伽达默尔,称这种情况为"视域融合"。艺术审美就是一场视域融合。艺术作品如同一艘远航的船,它载着艺术家的语境从母港扬帆起航,历经时间,跨越空间,迎接无数欣赏者带着自己的语境登船,不同的语境在船上不断相互发生作用,而这艘船也在这样的相互作用中继续行进下去。

让我们用一个例子——意大利雕塑家米开朗琪罗(Michelangelo Buonarroti)的名作《哀悼基督》,来展示一下语境融合的过程。

我们作为普通的欣赏者,大概知道"基督"是基督教中耶稣的称谓,知道耶稣是救世主,而他的母亲是圣母玛利亚。也可能知道,《圣经》中记载耶稣被钉死在十字架上。这些构成一般的欣赏准备语境。当我们看到这尊雕塑的形象是一位女子悲伤地怀抱一位男子时,你很容易想到,这位女子一定就是圣母,而她怀中的人便是已经从十字架上解下的耶稣。你的知识与雕塑的形象相互吻合,这说明你的语境与作品的语境已经开始初步融合。在其他艺术种类的例子里,我们所具备的基本知识,比如读诗之前先了解诗词的格律,听音乐之前先了解乐理等等,都属于这种初步的融合。可是融合过程并非一蹴而就,你会发现这尊雕塑有些"奇怪"。为什么圣母看起来这么年轻? 与其说她是一位母亲,不如说是一位少女。被钉死在十字架上是一个痛苦的过程,为什么耶稣的脸上几乎没有痛苦的表情? 在丧子之痛下,为什么圣母并没有表现得悲痛欲绝,只是在沉静中透出哀愁? 这些疑问表明作品对你来说仍有陌生之处,你必须进一步去理解它。这时,你可以去读读有关历史和艺术的书籍,这些资料会告诉你,雕塑家米开朗琪罗是"文艺复兴"运动的杰出代表,而在"文艺复兴"中,最重要的就是对古典之美的追求和"人文精神"的表露,艺术家们努力用美和人性来表达宗教内容。"哀悼基督"是宗教绘画和雕塑的常见题材,在中世纪时,这类作品中的圣母往往面色苍白、神情惊愕,人们甚至会象征性地在她的心口插一柄剑来表现其内心的痛苦。在文艺复兴时期的艺术家看来,这样的情感表达太过直白,毫无美感;而且这种痛苦相当抽象,观者只能看见一位痛苦的玛利亚,而非因耶稣之死而痛苦的玛利亚。米开朗琪罗的这尊《哀悼基督》完美体现了文艺复兴精神对中世纪传统的颠覆。在他的刻刀下,圣母的身上没有象征神性的王冠、光环和百合花,衣着一如普通人类女子,她怀抱着自己的亡子,也一如普通母亲怀抱着自己的孩子,整尊雕塑因而完全处在人类的母性、而非不可接近的神性之下。然而,神性却通过另一种方式彰显了出来,这就是美。耶稣死时的沉稳安详表明他并不惧怕死亡——基督依旧永生,死亡不过是他对于人类之罪的救赎;岁月在玛利亚的脸上没有留下一丝一毫的痕迹,她的儿子在去世时已四十多岁,但她的容颜依旧如少女般年轻——圣母的美也战胜了无情的时间。这样一来,宗教不再像中世纪那样给人敬而远之的感觉,雕塑的美感使欣赏者亲切直观地体会到基督教的至高追求——永恒。当这些来自作品语境的信息慢慢被你接受时,你的语境就逐渐与它交汇在一起,作品的内涵一下子就丰富起来,而你也从作品中感受到了美。

从这样的观察中，我们可以了解到艺术品是以这样动态的方式存在着的。那么，在这样存在方式中的艺术品，会给我们理解艺术的内涵带来什么新的启示呢？

首先我们看到，在作品一般给我们表现出的对于人物形象优美、形式和谐的特点外，我们还从语境融合的过程中感觉到，艺术品不仅是优美，而且还有差异。你会发现，你的审美体验很大程度来自你对于一个和自己有差异的东西对话。如果某个事物完全符合我们（欣赏者）的预期，我们对它是完全熟悉的，那么它就不会引起我们的任何认知热情和情感变化。当然，对现实生活中的任何事物，我们都不可能做到所谓的"完全熟悉"，哪怕是你觉得再熟悉不过的铅笔，仔细去观察，也能发现此前没有注意到的东西，比如木头上的花纹、石墨笔芯的光泽、笔身的细微变形等等——而这恰可以当作审美地看待铅笔的开始。所以关键在于，作为欣赏者的我们能不能像对待一个"不一样的东西"那样对待眼前的事物。无疑，从不同的人、不同的历史阶段、不同的社会文化那里"漂洋过海"而来的艺术作品最容易被当作"不一样的东西"，而它那"艺术"之名又在呼唤着你去理解它。如果欣赏者发现的"不一样""不理解"的关系越多，说明两方语境的差别越大，而当这些逐渐被理解时，作品所散发出的美的光芒就越强烈。看来只有带来某种有差异的语境的东西才算得上是艺术，这成为艺术的必要但非充分条件。欣赏艺术作品的过程就是一个不断发现差异，不断克服差异的过程，缺少了这样的发现和克服，欣赏者会很快对作品产生"腻了"的感觉，这种感觉意味着审美之流的干涸。

很多艺术理论家都注意到了这一点，因此也提出了一些有关的理论。比如20世纪初很著名的文学理论流派——俄国形式主义，认为艺术的特点就在于"陌生化"，即给欣赏者带来陌生的体验，任何寻常的东西，都可以通过不同的艺术手段展示出自己不被人熟知的东西。熟知之外的，往往是超出人的利用或者它的有限的意义的方面，是它自己属于自己本身的东西，而这些，通过视域融合启发欣赏者对于自己本身以及世界本身的感悟。西方哲学大师亚里士多德在他最著名的《形而上学》开始有一句很著名的话："古往今来人们开始哲理探索，都应起于对自然万物的惊异。"这惊异让人摆脱了对于事物的日常态度,开始追寻事物的本身、世界的本原。在进行哲学思考的开始,这"惊异"其实是对于事物的本身和世界本原的感性的直觉,这是一种审美感受,哲思其实起源于审美。

其次,一个好的艺术品,从欣赏者的角度来说,最重要的是带给欣赏者对于事物新的感受,而且最好是源源不断的新的感受,每一次面对它,欣赏者都能有发现,都能有惊喜。比如中国古典小说《红楼梦》,很多读者读了一遍又一遍,每次读,不仅能在熟悉的地方再次体会隽永的美,而且还能不断发现新的东西。英国文豪莎士比亚的戏剧,也在不同的时代不断地上演,甚至在不同的时代演员都穿着不同时代的服装,但是观众仍不失兴趣。好的艺术品被称为"经典",所谓经典,就是可以不断让欣赏者产生美感的东西。这个时候,我们就可以思考,是什么给艺术品带来如此魅力? 这个魅力作为艺术品的标志,它可以是什么?

首先让我们想到的,就是那魅力是作者封存在艺术品中的想法吗? 作者的想法,文学理论上称为"作者意图"。在很长的时间里,作品的意义被等同于作者的意图,大家认为,只要精准地解说出了作者的意图,就理解了艺术品。但是,从很多作品的情况来看,艺术家的意图其实早就消失不见了,我们难以寻找。在前面对《哀悼基督》的欣赏中,我们为了融合语境参考了历史文献,但这些都不是米开朗琪罗本人的解读,而是在我们之前欣赏者的看法,但我们不能因此觉得它们都不是真实有效的,毕竟米开朗琪罗本人对这尊雕塑的说法压根就没留下来,如果没有后人对作品的认真考证和分析,我们连语境融合、欣赏作品的可能都没有。还有个有代表性的例子,即《诗经》的第一篇《关雎》的解读。

> 关关雎鸠,在河之洲。窈窕淑女,君子好逑。
>
> 参差荇菜,左右流之。窈窕淑女,寤寐求之。
>
> 求之不得,寤寐思服。悠哉悠哉,辗转反侧。
>
> 参差荇菜,左右采之。窈窕淑女,琴瑟友之。
>
> 参差荇菜,左右芼之。窈窕淑女,钟鼓乐之。

这首脍炙人口的名篇究竟讲的是什么呢？现在我们都说，它是一首青年男子的恋歌，描绘的是对爱恋对象的渴慕与思念之情。但这真的是本诗作者的想法吗？查一查《关雎》的研究史，我们发现这种说法其实是从民国以来才开始广为流传的，比如闻一多先生在《风诗类钞》中说"关雎，女子采荇于河滨，君子见而悦之"，认为这首诗的主旨只是爱情。可是如果我们把目光朝更久远的年代望去，视野里将出现《诗大序》对《关雎》的解读。《诗大序》相传为孔子的弟子子夏所著，也有很多人认为它是东汉人的作品。《诗大序》说，"《关雎》，后妃之德也，风之始也，所以风天下而正夫妇也"，认为《关雎》写的不是简单的男女之情，而是歌颂后妃的美德，诗人写这首诗是为了教育天下的夫妇以此为道德典范。这种解读在现代人看来可能比较古怪，但对古代人而言，这绝对是影响了此后千年的最正统的解读。之所以我们更认可"爱情说"而非"道德说"，是因为在我们现代社会的语境下，"爱情说"更容易被人理解。而古人的语境与我们大不相同，儒家的伦理道德观深入人心，因而他们更加接受"道德说"。那么哪种解释更加符合艺术家自身的语境呢？答案我们永远不得而知。《关雎》创作于周代，周代的语境与东汉之后中国社会的语境肯定也不相同，更何况这首诗的作者是谁已经不可考证，因此艺术家的原初语境将会永远隐藏在历史的尘埃中。

　　作者的意图只是一个理想，要达到它很难。当我们面对一个作品，特别是古代作品时，我们看到的，是许许多多先前欣赏者的解读，这些解读，可以说是以前欣赏者的意图，也可以称为以前欣赏者的语境。当艺术作品之船漂泊而来停靠在你的港湾时，总已经在许多港口停泊过，已经有很多人带着自己的意图与语境上船下船，把自己的意图与语境融合在最初的艺术家的语境里。因此，欣赏一个作品，我们试图去理解作者语境，也试图去理解它在欣赏史中历史语境的累积。这并不影响我们对艺术作品的欣赏，对欣赏而言，重要的不是"原初"，而是"不同"。诗人本意的不可考证丝毫没有影响《关雎》在文学史上的价值，后世对其意义的争论反而成了这部作品的一部分，增加了它的魅力和深度。通过一首《关雎》，我们所获得的美的享受不止"美好的爱情",还有对不同历史时代中不同语境的体悟,这些语境没有正确错误之分,它们都已经成了《关雎》不可分割的一部分。当艺术家创作出一件作品时,他或她就必须明白,自己的作品将离开自己驶向更广阔的天地,它会不断闯入新的语境中,并把这些新的语境吸纳到自己身上。

在作品的欣赏中,我们确实能感受到这种情况,那就是我们对于作者意图进行考证解说,对于它的欣赏史进行梳理和讲述。能够做到这些,对于一件作品的欣赏已经达到比较高的高度了。但是,解说这些,毕竟不是真的审美,最多只能说是审美的准备。而且,对于作者意图的追求,对于历史解释语境的追求,其实归根到底,都是为了一个理想而从事的工作,这个理想就是:这件作品究竟说了什么?这要求我们思考,作品应该说了什么,但作品真的说了什么吗?

换个角度看,如果作品说了什么固定的东西,那么能够被精准地解读出意义的艺术品,欣赏者真的会觉得它是优秀的作品吗?它恰恰不是很优秀的艺术品,甚至谈不上艺术品,欣赏者在把握了它的精准意义后,会毫不留情地把它抛下再也不会回顾;而且,精准的意义,从来不是审美的特征,美是有普遍性的,但这个普遍性却不是以精准固定的方式存在。其实,艺术作品的意义的模糊与丰富性,根本上不在于作者意图的湮灭,也不在于历史上解读者的众多,反过来,作者的意图和解读者的意图,都是为着一个更深更大的意图而产生的,这才是艺术品真正的意图、意义。

艺术品在产生的时候,就已经脱离了作者,它之所以美,并非是作者个人的魅力,而是一个更大的魅力借着作者之手走进了作品。这个魅力,我们从一般的艺术审美体会中可以看出,应该是一种事物自身、世界自身的整体性。这种整体性是人类在日常使用、生存利用中对于事物工具化、用具化过程中失去了的东西。它要么表现为清新,要么表现为震撼,要么表现为命运,要么表现为永恒。只有这种整体性,才有永不消竭的力量,因为人类眼中一切的意义,都是对于人自己的价值,甚至自己本身的意义,也都是对于自己的价值,所以,意义总是有限的。而事物的本身，作为整体，是无限的，有限再怎么发展，对于无限来说，都仍有不断进步的空间。也因此，那些经典可以不断重温，也可以不断有新的意义被发掘出来。

从这个角度来看，艺术品是真正的"空白"，是真正的质朴。艺术品对于意义是开放的，它具有永不消竭的内涵。

第五章

艺术的形式与内容

在第四章,我们讲述了艺术的存在方式,艺术存在于作品、艺术家、世界、欣赏者的四个领域及其关系中。但是,对于艺术品来说,这些关系,可以说是艺术品的外在关系,是从外在关系的角度上获得什么是艺术品的意义。但艺术品本身是什么样的? 艺术品有内在关系,也就是说有内在结构、环节或者其他什么吗?

有的,最常见、最持久的关于艺术品内在关系的描述,是形式和内容。

一、形式和内容的来历

在第一章讲述审美主体的内容时,我们提到过"形式",我们说它是审美对象感性呈现中显示的一种关系、一种形象的明确性。我们认为,这是知性和谐于感性,并在感性的整体中起作用的结果。在那一章里,我们分析审美对象的时候,把对象当作一个符号,大致分为表达者和被表达者两部分,在这个大的分类中,我们认为"形式"是属于表达者部分的一种特别模式;当然,相应的,其实我们可以把被表达者称为"内容"。

艺术是审美关系的典范和核心,所以,关于审美对象的符号,在艺术品这里,其中的关系会进一步丰富，包括"形式"和"内容"的二元区分这个分析角度。

这种二元区分是人类很早的思维模式。形式的提出在早期最为著名的是亚里士多德的理论，他在《形而上学》里就奠定了关于形式的意义，并以此为基点做了二元区分。亚里士多德认为，事物的存在有各种样式，但其中有最基本的存在样式就是"本体"，也就是事物的本身是什么样的。对于这个本体，可以从四个维度去描述，即事物的材料，事物的形式，事物运动的动力，事物运动的目的。这也就是他关于事物本体的著名的"四因说"。然后，他又把形式、动力、目的合在一起，统称为形式，跟材料相对，于是就形成了对于事物二元关系的把握。在他看来，形式就是事物呈现在世界中的样子，是可以用语言描述、定名的方面，它就是事物是其所是的那个东西，即事物的"所是"。而材料就是这个样子的依托和基础。这个样子就是事物从无到有努力去成为的东西，所以它是目的；这个样子是事物在没有成为它之前潜在地存在于材料之中，它潜在于材料，推动材料变化去成为那个样子，所以它又是动力。当然，一般事物的形式都是不纯粹的，因为它们总夹杂着材料，不能摆脱材料，就好像我们人类，总是为自己的材料——肉体而苦恼，也正因为这样，一般事物都是有限的，都是形式和材料"综合"的，其实也是夹杂的。

亚里士多德的二分是材料和形式的二分，随着时代的发展，逐渐变成了形式和内容的二分。在黑格尔的《美学演讲录》里，他已经非常自然地用形式和内容的二分来讲艺术作品了。

到这里，我们可以回溯到前面的内容，解释一下前面的一些问题。那就是，美学以艺术为核心会产生什么影响。说起审美对象，我们会区分自然美和艺术美，我们会发现，自然美和艺术美在存在关系上是有不同的，自然美很明显缺少作者这个环节。艺术则有鲜明的特点，即它是人工产品，而以艺术为核心来理解美，最主要的影响就是，以人工产品的模式来理解所有的美的对象，其主要表现为，把审美对象的内在结构分为形式与内容。

亚里士多德谈一般事物,使用了"材料—形式"的两分法,他也使用了目的等用语,他有意无意地提到,这是根据人工产品的模式(他称为技术的模式)来帮助理解一般事物的。他说:"凡其动作产生另一些事物为结果的,实现就归于那产物,例如建筑工作,其实现归于建筑物。"(《形而上学》)"实现",在他那里,就是成型后的样子——形式。这也就是说,人用木头石块建筑房子,最后做出来的房子,就是房子的形式(也是人做房子这个行为的目的),而木头石块,就是材料,房子的形式潜在地存在于木头石块中,人把它实现出来。确实,面对一个自然事物,人们不知道怎么分析它,但是只要和人工产品进行类比,那就明晰了,人工产品总有意图和目的,它们被施于材料上,使材料具有一个形式来满足意图和目的。自然事物也可以说有意图和目的,而创造者虽然不是人,但可以是"神",也可以是中国人说的自然、"道"。于是,任何事物都可以用二分法来解释了。

二、关于形式和内容的几种看法

但是,形式和内容的区别并不是很严谨的区别,亚里士多德讲的"形式",其实包括形式和内容,甚至"材料"是后世有些思想家所讲的形式,"形式"是后世有些思想家所讲的内容。我们一般所指的形式和内容,又分别是什么意思呢? 看似很清楚,但仔细考虑,他们的边界并不清楚,甚至可以互换。也因为这样,历史上出现各种关于"形式—内容"的论述,看起来观点不一样,但其实只是在什么是形式,什么是内容上面各有分歧罢了。

下面,介绍一些比较有代表性的观点。

1. 表达和被表达

最常见的一种解释,内容是艺术作品想表达的东西,而形式是表达它的方式。这种观点有点类似于我们对于"符号"特别是语言符号的分析。我们把一个符号分为"能指"和"所指",能指指的是符号的物质形式,而所指指的是这个形式所引起的心理的概念和图像。形式和内容一般对应能指和所指。比如,荷马史诗《伊利亚特》表现的是特洛伊战争,那么这就是它的内容;与此相对,这个内容被用史诗的形式表现了出来。不过,这种说法虽然容易被人认可,但它其实是最抽象和空洞的一种说法。描写特洛伊战争的作品有很多,史诗也有很多,那么怎么能确定"描写特洛伊战争"(内容)加"史诗"(形式)的组合指的就是《伊利亚特》呢?有些人会觉得,只要我们把内容和形式总结概括得再具体一点就好了——《伊利亚特》表现的是特洛伊战争进行到第九年零十个月的时候开始的故事,表达的手段是一部共计二十四章,约一万五千七百行的史诗。可这还是不够具体,我们还能继续追问:故事的情节是什么样的?史诗在写作上有哪些特点?于是人们便继续为抽象的概括添枝加叶,比如战争中出现了哪些角色、他们之间是怎样的关系、发生了哪些事件、谁胜利了、谁失败了,以及史诗的精确行数与字数、音韵的格律、所用的修辞手法、写作上的规律和模式,等等。这样的追问和增补可以一直持续下去,在这一问答中,内容和形式都分别越来越接近作品本身,直到当你问"内容"时,对方把《伊利亚特》一字不差地给你念一遍,当你问"形式"时,对方也把《伊利亚特》一字不差地给你念一遍,才算是最最具体、无法继续追问下去的。此时我们会发现,这种对内容和形式的解释最终都指向了艺术作品本身。这说明用它们来分析艺术并不能带来什么新的东西,只是在重复这个作品自身有的东西而已。它们对深入探究艺术作品几乎没有价值,只有在向别人简单介绍某作品时才能派上用场。

认为内容是作品想表达的东西，形式是表达方式，这种观点派生出另一个在艺术研究中很著名的看法：好的艺术作品是形式与内容的完美统一。这种看法与我们欣赏艺术时的经验似乎相一致，每当看到出色的艺术品时，我们会觉得它是意义与表达完美的统一体，二者牢固地相互吻合，既不能分割，也不能有任何修改。在中国的文学史上有很多与此相关的典故，比如战国时秦国的国相吕不韦曾主持编写《吕氏春秋》，在这部书完成之后，他将其"布咸阳市门，悬千金其上，延诸侯游士宾客有能增损一字者予千金"，公开表示谁若能改动这部书中的一个字，他便赏赐千两金——成语"一字千金"便是出自这个典故。从此之后，"一字千金"就常被用来描述诗歌、文章、书法等是完美的、不可更改的统一体，比如南朝的钟嵘在《诗品》中称赞陆机的诗"文温以丽，意悲而远，惊心动魄，可谓几乎一字千金"。这种称好的艺术作品是形式和内容完美统一的说法看似很有道理，而且很符合我们的经验，但细究起来仍然充满了问题。

问题之一，形式与内容是否真的能统一？想要知道形式与内容是否统一，首先得知道作品的形式和内容分别是什么。就内容而言，前面我们用了《伊利亚特》和《吕氏春秋》的例子，它们都是传统的文字作品，意义比较清楚。可还有很多艺术作品，比如远古时期的岩画和雕塑，以及令人摸不着头脑的现代主义艺术，我们压根弄不清楚它们的意义，说不明白它们的内容。在艺术史中甚至还有误解了内容的情况。一提到荷兰画家伦勃朗（Rembrandt Harmensz van Rijn），很多人都会想起他的代表作《夜巡》，以为这幅画描绘的是夜晚时分巡逻队即将出发的场景，可事实证明这个长期以来的认识是错误的。之所以被人误解为"夜巡"，是因为这幅画曾长时间被挂在有炭火炉的房间里，以致炉灰牢固地附着在画上，使其颜色变暗，像是描绘了夜间的场景。可不论它是不是被当作"夜巡"，都无碍这幅画的伟大。假如评判一幅作品是否伟大的标准真的在于"形式与内容的统一"，那么人们对它内容的认识都改变了，这个统一怎么可能继续维持下去呢？就形式而言，一件作品的形式常常不只一种，而是多种多样。比如戏剧，其中涉及的艺术形式可以包括文学(剧本)、表演、歌唱、舞蹈、绘画与雕塑(用于布景)等等,十分多元。小说虽不如戏剧的涉及面那般广,也可以涵盖文言、白话、诗歌、词曲等体裁,只要读一读《红楼梦》便知。既然一件作品中的形式可以如此多样,那么"形式与内容的统一"该如何理解? 是每一种形式都有各自的内容吗? 还是说内容自身是保持连贯的,不同的形式被连贯的内容串联起来? 每一种说法都不符合我们对"形式与内容的统一"的最初印象。由于内容的不稳定性和形式的多样性,想判断某作品是否做到"形式与内容的统一"是很难的。

问题之二,我们为什么会觉得形式与内容能统一? 依据前面的分析我们能发现,这其实仅仅因为,如果把内容当作要表达的东西,把形式当作表达方式,那么它们最终指向的是同一个东西,即具体的艺术作品。当我们说某个作品是形式与内容的完美统一时,其实在心里默认了艺术家是可以把二者区别开来并各自进行设计的,由于天机或才能,艺术家又把二者巧妙结合起来。可是如果你自身有艺术创作的经验,或者去读一读艺术家的自述,就会明白在实际的艺术创作中根本不存在这样的情形。荷马不可能说"我已经把《伊利亚特》要讲的故事的方方面面都想好了,然后我要考虑用什么方式来讲述它",凡·高(Vincent van Gogh)也不可能说"我脑子里已经有了要画的向日葵的一切细节,下一步是决定要把它画成什么样",在艺术家的构思中,两个方面一直是结合在一起的,或者说它们本来就不能分开。所以根本没有无内容的形式,也没有无形式的内容,当我们说某艺术作品是"形式与内容的完美统一"时,我们只不过是在称赞这个作品优秀而已,不要把这里的形式和内容太当真。

2. 作品和它的指谓与模仿

另一种对内容和形式的解释不止于艺术作品本身,它尝试探索艺术作品之上的东西。这种解释把艺术作品所追求的、指向的精神价值或意义当作内容,而具体的作品则整个被当作体现精神价值或意义的形式。

此种解释与上一种的不同之处在于,它不再从艺术作品中割裂出形式和内容,而是把完整的作品——包括它要表现的东西和表现的方式——都算作形式;至于内容,则不再满足于对作品要表现的东西的复述,而是面向它所体现出的更加深刻的精神内容。这么说会显得有些抽象难懂,还是让我们用例子来说明。在这种解释下,《伊利亚特》的内容就不能简单地说是特洛伊战争末期发生的故事,而是希腊人的民族精神。《伊利亚特》这部史诗映射出的是希腊民族对英雄的歌颂和反思、对命运的敬畏和抗争,这构成了它的主要内容;至于展现了此种精神内容的形式,自然就是《伊利亚特》自身。

这种模式我们还可以用语言符号的模式来类比,语词分为能指和所指,能指是形式,所指是涵义,但是,它们还指向一个指谓。比如我们指着一个东西说:"树!",树的发音就是能指,而所指就是一个树的形象和概念。但是我们所指的那个东西就是树吗? 现在它呈现它自己为树,但是如果不呈现,那个"树"的本身,是什么呢? 我们永远不能超出我们的语言去看到语言之外的东西,那是什么不重要,但我们知道那是给我们"树"这个形式加涵义的东西。还有个例子,启明星和长庚星,其实指的是同一颗星,即金星。但启明星的涵义是凌晨时候的星,长庚星的涵义是黄昏时候的星。所以,形式不一样,涵义不一样,但是指谓却一样。具有形式和内容之分的作品,它要表现的,不仅仅是涵义(内容),而是更深的东西,在这个东西面前,形式和内容都是形式,而它才是真正的内容。

这种形式和内容的观点虽然克服了二者"殊途同归"的问题,但却也不是没有难题,那就是那种深度的内容是不确定的,容易形成公说公有理,婆说婆有理的局面。前面对艺术作品存在方式的讨论中,我们知道作品意义的呈现受欣赏者所处的历史、社会、个人的因素影响很大。在不同的历史语境中,我们完全可以对同一个作品解读出不同的精神价值,比如《关雎》,古人认为它颂扬的是美德,而现代人认为它表现的是爱情——这样一个不确定的"内容"怎么能够用来说明作品呢?

然而只要明白了语境对艺术作品的作用，这个缺点就能转化为优点。我们不必把作品的精神内容视为作品"确实有"的东西，而应把它视为作品"应当有"的东西。这里涉及到一种态度的转变，前者在逻辑学上叫"实然判断"，目的是说出事物的真实情况；后者叫"应然判断"，目的是说出事物怎样才算好，怎样才算坏。就艺术作品而言，我们无法对其精神意义做出实然判断，因为一件艺术作品不仅在经过漫长的旅程抵达你眼前时，它"原本"想追求什么早就成了说不清楚的事，更重要的是，艺术作品表达的最深的整体性意义，是不能以有限的方式呈现出来的。但我们不能因此就说没有终极意义，必须对它的内容做出应然判断，正是对于这永远达不到的本身和整体的追求，才是艺术作品永远解读不尽的源泉和动力。读《关雎》时，有的人会说："这首诗都流传了几千年了，它原本说的是什么早就没人知道了，所以我们用不着费心研究它的意思。"这话说明这个人并不想用心欣赏《关雎》，他在艺术之船入港时就把它打入了"冷宫"。真正的欣赏要求人们被作品本身深度而又难以明言的意义打动，在它的启发下，勇于使自己所在的语境和作品所携带的语境相互交融，从而对作品的内容做出应然判断，这是让作品在欣赏者这里焕发活力的必经之途。当然我们也要时刻认识到，自己所做的判断并不是实然判断，不要盲目自信地认为自己把握了作品的唯一真相，对古人的解释、别人的解释也要抱有一颗宽容之心，因为领略作品的无限可能恰是艺术的一大魅力。

　　把作品的内容视为作品的整体性意义，把作品本身视为形式，这种解释同样把我们引向一个在艺术研究中十分重要的话题——艺术目的论。所谓的艺术目的论，指的是认为艺术有一个统一的终极目的，这个目的构成了艺术的本质、发展动力和终点。如果说前面讲到的内容和形式揭示的是某一具体作品的精神价值，那么艺术目的论则试图揭示所有艺术作品共有的精神价值或者说世界与宇宙的整体。与前面讲到的对内容的判断相同，艺术目的论也是一种应然判断，而非实然判断，因而当回顾美学和艺术的历史时，不同语境下会诞生出不同的艺术目的论。在西方，影响较大的艺术目的论包括古希腊哲学家亚里士多德在《诗学》中发扬光大的"摹仿"说（艺术的意义在于对自然和社会的摹仿），古罗马诗人贺拉斯（Quintus Horatius Flaccus）在《诗艺》中提出的"寓教于乐"说（艺术的意义在于通过喜闻乐见的形式使人受到道德教益），唯美主义提倡的"为艺术而艺术"（艺术的意义不在别处，就在艺术本身），以及近代以来兴起的"艺术的意义是批判现实、改变现实"的观念等等。在中国的艺术史中，虽然没有"艺术目的论"这个概念，但我们还是能发现它的身影。总的来说，影响着中国古代文明的三大思想流派——儒、释、道都有着相应的艺术目的论，比如《诗大序》提出的"经夫妇，成孝敬，厚人伦，美教化，移风俗"可看作儒家艺术目的论的代表。"庖丁解牛"这个故事所点明的"所好者道，进乎技""依乎天理""游刃有余"，以及逍遥自在和道法自然可以看作道家艺术目的论的代表。佛家思想传入中国较晚，但自唐宋以来，由于文人雅士多好学佛，佛家的一些观念，比如"因果轮回""以一见万""诸法如幻"等，也渐渐融入艺术中，成为艺术所追求表达的内容。

艺术目的论反映了一个时代对艺术的认识和期待。在一战和二战之间，欧洲艺术界兴起了一股"超现实主义"的热潮，诗人艾吕雅（Paul Eluard）、兰波（Jean Nicolas Arthur Rimbaud）、路易·阿拉贡（Louis Aragon）、布勒东（André Breton），画家达利（Salvador Dali）、阿尔普（Hans Arp）、夏加尔（Marc Chagall）等著名艺术家都可算作这一流派的代表人物，他们着力探索被压抑在理性现实背后的"超现实"。1924年，法国诗人布勒东的《超现实主义宣言》问世，这篇宣言明确表示，艺术表达的内容不应该是被理性加工过的东西，艺术要主动打破政治、宗教、道德、科学等理性的条条框框，用梦、幻觉、本能、潜意识来揭示真正的现实。在布勒东的诗歌《哪些人是超现实主义者?》中，他把但丁、莎士比亚等诸多历史上的艺术大家都算作超现实主义的践行者，把超现实主义的源头追溯到了文艺复兴时期。很显然，除了布勒东外，没有任何一本文学史会称但丁和莎士比亚为"超现实主义者"，但他的宣言和为这一流派梳理的"家谱"却成功将超现实主义确立了下来，众多艺术家认识到了自己创作的意义，众多有志于成为艺术家的人也找到了自己的归属。通过《超现实主义宣言》，布勒东无疑提出了一种成功的艺术目的论，它是超现实主义运动在欧洲发展壮大不可缺少的因素。

3. 部分与整体

前面第二种方式中，艺术的终极意义是一个应该的指向，但是，它要么是永远无法达到的有点神秘的整体，要么就是被人理解为艺术之外的其他的价值，后一种理解是人类很长时间对于艺术的理解，它把艺术理解为为了其他目的而存在的东西。上述两种"内容"，前者人们只是作为一种理想，不可捉摸；后者虽然可以捉摸，但是却把艺术当作那个东西的附庸，降低了艺术的地位。于是，就出现了第三种方式，不在艺术显示的东西之外找艺术的依据，而是在艺术显示的东西本身里面寻找艺术的魅力和根据。于是，这第三种对内容和形式的解释，就是不讲"内容"，只讲艺术的表达本身，在艺术的表达本身里面寻找出一种有点神秘的"形式"。这种解释经常会被称为"形式主义"。

"形式主义"的来源，如果往深里推溯，可以说来自德国哲学家康德。康德的哲学思想主要体现在他的"三大批判"——《纯粹理性批判》《实践理性批判》《判断力批判》中。这几部书一向以难懂著称，以至于有一则广为流传的笑话说，"很多人因为厚度选择了在旅途中携带《纯粹理性批判》，结果往往是他们结束旅程到家后，书还在第一次翻开的那一页，不过他们收获了旅途中少有的好睡眠。"在这里，我们要讨论的不是《纯粹理性批判》，而是《判断力批判》，康德关于美学的思想集中在这本书里，这本书的思想也是美学这个学科的主要思想基础。

在上一种理解中，艺术的全部价值在于艺术的内容，但是在康德看来，艺术的这个内容是人类无法用一般理智去把握到的，在这点上，康德倒没有掉进一般理解的陷阱，他并不认为"内容"是外在于艺术的别的东西，而是认为它是理念性的、理想性的东西，它比别的东西更为高深，那是需要更高的理性去把握的，我们一般的理智(知性)是把握不了的。因此,我们的理智,还是应该回过头来,看看可以把握到的艺术的表达本身里面有什么东西可以作为艺术美的根据。他是这样论证的:

第一步,在欣赏艺术的美时,我们体会到的是一种愉悦的情感,但是人类的愉悦情感的来源不只审美一种,总的来说共有三种,康德分别称它们为"审美""快适"和"善"。所谓"快适",指的是因欲望和偏好满足而获得的愉悦。所谓"善",则指的是人因为道德方面的原因而产生的愉快,比如当你在与一个性格与品质都非常好的朋友相处时感到的快乐,或者你在向有困难的朋友伸出援手时对自己行为的满意,这些都算"善"带来的愉悦。但审美的愉悦是不同于快适和善的第三个领域。

第二步,之所以审美的愉悦不同于快适和善,这是因为——就像我们在开头曾谈到过的那样——美感是一种有普遍性的情感。快适与人的偏好和欲望有关,对每个人来说都是不同的,所以快适不会产生普遍的愉悦。至于道德和善,虽然它们对人来说具有普遍性,人人都应与人为善,遵守道德的规范,但道德和善却不必然产生愉悦。一个把助人为乐视为自己应尽义务的大好人可能觉得行善不过是平常的事情,没有什么可得意的;相反,一个品质很低劣的人看到别人的善举可能会猜疑、嫉妒甚至怨恨,而不是快乐。可见,审美、快适和善三者可以按照这个规律一字排开:快适没有普遍性但有愉悦,善有普遍性却不一定有愉悦,审美则既有普遍性也有愉悦。

第三步,为什么三者会呈现出这种规律? 一言以蔽之,这是因为快适和善都是内容导向的,而审美的愉悦是形式导向的。我们不难发现,引起快适的偏好和欲望涉及事物的属性、特征、用途等,涉及对事物的实然判断,这很接近前面第一种对内容的理解;而善涉及事物的精神意义和价值,涉及对事物的应然判断,这很接近前面第二种对内容的理解。所以说道德也是普遍的,但是道德对于精神意义的把握马上就过渡到行动去了,人们在行动中去追求那个意义或者内容,并且在行动中体会到目的实现与否的冲突。审美则是体会到一种终极(事物的本身或者目的),但是并不付诸行动,它停留在"静观"上,在事物的形式上,体会这形式为了某一目的所表达的谐和流畅。

第四步,也是最后一步,要说明为什么对形式的鉴赏判断是普遍而愉悦的。"形式"在康德这里指把事物的各种感性部分整合成一个整体的东西,这比较像亚里士多德的"材料—形式"的意思。比方说,葡萄是一个紫色、圆形、有酸甜味、光滑的事物,我们用眼睛看到紫色和圆形,用舌头尝到酸甜,用手感受到光滑,但我们是怎么从这些多样、分散的感性属性中认识到"它们组成了一个东西,而这个东西是葡萄"呢?这就要求助于形式,形式就是能把各种感官属性联合到一起,形成一个统一事物的力量。

这力量来自哪里呢?这力量以感觉为基础,但它却不是感性产生的,它应该是感性引起的另一种能力的产物。感觉本身不会告诉我们它是"葡萄",它给我们的信息只有颜色、形状、味道、手感等等。联结感性属性的力量可能来自的地方有两个,一个是使我们组成葡萄这个形式的对象本身,一个是我们自身超越感觉的那种能力。由于我们无法超越感觉去直接把握事物——就像我们前面说的我们无法超越语言去把握对象一样,所以,那个事物的"本身"是无法得到证实的,你可以说它是这样的,也可以说它是那样的。因此,康德在他的理论中持比较谨慎的态度,把这个力量暂时视为第二种,即我们的更高能力出于事物本身的刺激,把那些感觉整合起来形成一个整体。康德认为,在我们一般的知性认识中,人有一些准备好了的能力,它们就像我们精神中的一个模具,把来自事物的属性聚合起来,安排在一起,然后得出知性结论(内容),从而形成了对事物的认识。不过在审美的鉴赏判断中,我们的目的不是要达到知性结论,而是停留在事物的形象上,不向某种规则的引导方向前进,这种停留就产生了事物的形式。形式的实现本身是一件奇妙的事,各种成分不断产生,同时自由活动,它们又似乎按照什么目的,互相不冲突,和谐地共处,于是有了涌现而顺畅的状态。在这个时候,我们的认知能力本身活跃了起来，但是又不在意结论，于是就产生了愉快。换句话说，知性是一种规则的能力，在其他情况下，知性应用规则，但在审美活动中，知性不应用具体规则，而是运用规则的能力，也就是说，应用了知性本身，于是，知性得到了解放；此时，知性就和感性和谐共存，达到了各种能力的自由释放、达到了对于自己的满意，于是感受到了审美快感。由于这种和谐的解放是人人都可能达到的，因而这快感是普遍的。

我们可以这样理解，一切作品的"关于什么"的方面都是我们前面理解的"内容"，这种内容常常被理解为一种外在的东西，就好像一幅画着葡萄的画，是关于现实中的葡萄的，画中的葡萄的价值，就在于它和现实的葡萄像不像。把画中的葡萄和现实中的葡萄关联起来，就好像我们把感觉的材料归属到一个概念中一样，这是知性通过形式的结合所得出的结论。现在，知性使材料结合，却并不继续服从一个什么固定规则，而是停留为一个单纯的"形式"。

形式是那个使诸多感性属性联结起来的活动。音乐的形式就是寄托在音色、音量之上的纯粹旋律，舞蹈的形式就是刨除了演员身份、服装道具之后留下的纯粹动作。这些纯粹的形式依托于我们的感官，但它又不仅仅是我们的感官，因为它已经不是感性刺激了，它似乎比感性刺激又多了点什么。但它也不形成知识或道德规范，它仅仅让我们的认知活动活跃了起来，就好像一架机器只是运转了起来，却不消耗任何材料，也不生产任何产品，所以我们又不能认为它离开了感性材料，它并不是抽象的东西，它就在感性材料上，表现为感性材料的鲜明、清晰和和谐。但正是这种纯粹的又是感性又不是感性的能力的活跃给了我们纯粹的快乐感，这就是艺术带来的美感。

康德美学的这种观念极大地影响了后世被称为"形式主义"的美学流派（注意，这里的"形式主义"美学与前文提到的"俄国形式主义文论"并不是一回事，但它们在理论上确实有相通之处），其代表人物英国美学家克莱夫·贝尔（Clive Bell）在《艺术》一书中对艺术下了一个定义："艺术就是有意味的形式。"他解释说，

"在各个不同的作品中,线条、色彩以及某种特殊方式组成某种形式或形式间的关系,激起我们审美感情。这种线、色的关系和组合,这些审美的感人形式,我称之为有意味的形式。'有意味的形式'就是一切视觉艺术的共同性质。"相反,那些心理的、道德的、历史的因素都不能当作审美因素。如果我们还记得艺术作品存在的四个维度——作品、艺术家、世界、欣赏者,那么"形式主义"美学无疑把艺术的美全部限制在了作品和欣赏者上,艺术家与世界的维度被彻底抛弃了。深入研究了作品的形式在欣赏者身上的效果,这是康德式形式内容观的优点,但彻底抛弃内容,把艺术的审美封闭在作品和欣赏者的维度里,这是它的缺点。

4. 作品与作品的使命

因为事物的深度意义的不可到达性,所以第二种观点就会把那个深度意义理解为一些外于艺术的、现实的、固定的价值,比如"现实""道德"。这种艺术目的论,其实把艺术作为那种更高价值的附属品了,夺去了艺术的独立价值,所以第三种观点干脆就排除这深度意义,转而强调在形象整体中寻求形式和材料的差别,仅在形式上寻找意味。但这并不表示那个深度意义就此消失。随着时代的发展,它会随着对"形式—内容"的新的理解反过来获得重要地位。

这第四种对内容和形式的解释是随着现代主义艺术的兴起而产生的,美国艺术批评家克莱门特·格林伯格(Clement Greenberg)是这一解释的主要提出者。在康德那里,我们对艺术作品所能做出的一切描述和期许都属于作品的材料,真正关乎审美效果的形式则是那种难以言表的、与我们纯粹的认知能力相连的东西。可格林伯格对内容和形式的说法与康德恰恰完全相反:

艺术作品里能被讨论或者指出的任何东西,都自动把自己从作品的"内容"里排除出去。那不属于作品"内容"的……任何东西都必定属于它的"形式"……"内容"的不可言传性就是把艺术构成为艺术的东西。

这里的意思是,一般人以为是内容的东西,即那些可说的东西,其实并不是内容,内容是不可言传的东西,即我们前面讲的深度意义。可以言传的,都属于形式,而让艺术成为艺术的,则是那不可言传的深度内容。我们看到,他的观点比较接近于上文中第二种对内容和形式的解释。"一件艺术作品的品质在于其'内容',反之亦然。品质是内容。"所谓"品质",就是使一个事物成为艺术的本质,也是"主旨、意义、艺术作品所最终关心的东西"。和第二种观点不同的是,它所说的内容是超越艺术表面的、形象的,但那些内容不是实在的、固定的东西,不是艺术"之外"的东西,而是真正的艺术"之上"的东西,这种意义上的内容,其实是无形的,它在艺术之上,却并不在艺术之外。它其实在另一方面很像第三种观点里讲的"形式",但它不愿意把自己看作是表面层次上的东西,所以它不认同第三种观点中"形式"的意义,它把它改称为"内容",其实都是指艺术表面所蕴含的超越这表面的那种难以明言的意味。

乍看起来,这种说法有点神秘主义。我们也可以这样理解:在艺术作品一下子吸引住欣赏者的一瞬间,发生的事情是神秘的、没有理由的、无法言说的,这神秘的东西才是美感产生的根源,是艺术作品的内容。

这种神秘的色彩当然是这种观点的缺点,如果美的源泉、艺术作品的本质真的是这样一种玄而又玄的东西,如果它真的在用一种不为人所知的方式让欣赏者产生美感,那么此前我们为探索美而付出的努力、得到的成果就全都白费了。但是,也正是这点神秘主义,体现了第四种观点对于第二种观点的发展。第二种观点虽然讲得比较全面,开启了人们对美内涵的理解走向深度、走向整体。但是,人们还是容易把深度意义理解为有限的、确定的、外在的东西,比如很多艺术目的论所讲的现实、道德等等。第三种观点是形式主义,它其实对于它所放弃的"内容"是有正面贡献的,那就是发现真正的深度内容是不可以言说的,是不可以用有限、确定的内容的。康德哲学最重要的贡献之一,就是认为我们能认识、能把握的,是知性的;而整体性的东西,是不可以用知性把握的,那是理性的领域,知性面对它要止步。也正是这样,第三种观点把艺术的源泉放回到艺术中来,提出形式。但是,这个形式也不再是简单的表面的式样或者形态了,它其实也是一种难以表述的东西。第四种观点,其实把这种难以表述的东西仍然放在内容那一边,但是,这个内容,应该属于康德所说的理性的领域,是知性不能把握的,因此就有了神秘的色彩。但是,不管怎么样,经过了第三种观点的洗礼,再谈深度内容,人们不至于再简单地用一些社会规范、现实形态来代表了,因为人们已经知道,那个真正的指向比这些还深刻得多,整体得多。

5. 各种观点的关系

当观点发展到这个地步,形式和内容的关系变得更加复杂了,人们在这两方面跑来跑去,形成了不同的艺术理解。

让我们用绘画的历史作为例子。前面我们提到了一种古老但影响巨大的艺术观念——摹仿说,这种观念认为,艺术的本质就在于对客观世界的描摹和再现。绘画与这种观念的契合度显然是最高的,于是在西方艺术史的前两千年中,摹仿客观世界几乎一直是绘画的核心,它无疑是绘画艺术的目的和内容。19世纪出现的印象派是现代绘画的前锋,貌似离经叛道,其实也没有改变这个内容,它只是宣布我们看到的客观世界其实并不像传统绘画那样是点线面的组合,我们对事物的视觉印象中不存在线条,只有明暗和色彩。据奥地利批评家赫尔曼·巴尔(Hermann Bahr)的说法,印象派其实是"写实主义的极端",是摹仿论的终极拥护者。可见到印象派这里,绘画的内容还没有改变,改变的只是形式——画中物体的线条和轮廓被颜色和光影取代了。但印象派的出现还是为摹仿论的"破灭"埋下了伏笔。以明暗和色彩取代线条和轮廓,以"印象"取代清晰的外形,其实表明我们复现客观世界的媒介不再是对事物的概念、认识,而成了我们自己的肉眼所见,这里已经发生了一种由客观到主观的转变。很快,这种仅仅在"形式"上的转变就波及到了"内容",20世纪初表现主义(前面提到的超现实主义即是广义的表现主义的一种)绘画的兴起动摇了占据西方绘画核心的摹仿论。人们发现,"摹仿客观世界"不过是一种没有意义的重复,它碰触不到绘画真正要表达的东西,人们在绘画中真正想做的事情是表现人在面对世界时的内在感受,为了表达这种感受,画家可以摹仿客观事物,也可以扭曲、改变事物,甚至可以幻想世上不存在的情形。

可又过了不久,本来算是表现主义一员的俄国画家康定斯基(Wassily Kandinsky)认识到,所谓"表达内在感受"其实也碰触不到人们要在绘画中表达的东西,绘画的真正意义在于用颜色、形状、线条构建出一种"语言"(《论艺术中的精神》),它到底想表达什么、需不需要依赖真实的或非真实的事物形象都是无所谓的。于是绘画又进入了抽象主义的时代。此时已接近现代,供艺术家和批评家回顾的历史资源也越来越丰富,他们在反思中开始质疑:绘画真的需要什么"内容"么?从取消客观事物的线条和轮廓开始,到取消客观事物形象,再到取消所有事物的形象,这个过程不就是一个逐步简化绘画的形式规则的过程么?于是画家们开始了更激进的尝试:把绘画的颜色变化去掉会如何(单色画)?把颜色去掉会如何(线条画)?甚至把绘画行为去掉会如何(格林伯格提出的绘画的底线——"空白画布")?在经历了把"内容"不断约减到"形式"的历程后,在现代主义画家这里,"形式"本身终于成了绘画的唯一"内容"。

但是,看起来绘画到了它的终极形态之时,却又遭遇了一个悖论。当形式在表面上取代了内容的时候,艺术家着力于直接表达自己的感受,这表达不断抛弃遮在他们眼前的浅薄的内容,在抛弃的过程中,却也分不清被抛弃的,究竟是浅薄的内容,还是浅薄的形式。比如,形象、轮廓和色彩等究竟是内容还是形式呢?那个绝对抽象的东西,究竟是内容还是形式呢?极简把形式和内容的距离缩短到极近,使形式取代了内容,变成了内容取代了形式。哲学家黑格尔在谈到内容与形式时,曾经说过:"内容非他,即形式之转化为内容;形式非他,即内容之转化为形式。"这体现了形式和内容在深度意义上的复杂关系。于是,绘画进入后现代时期,概念艺术、行为艺术、装置艺术等先锋艺术形式层出不穷,这些艺术形式,完全抛弃了艺术几千年来坚守的"形象—表达"二分状态,艺术变成了艺术的思考,艺术变成了对世界的思考。此时,艺术是形式还是内容已经说不清了,似乎又回到了第一种观点的形式和内容结合或者说等同的高级状态。在当代,艺术的领域被无限扩展了,走进现代艺术博物馆,我们肯定会发出"原来一切都可以是艺术"的感叹。

从上面四种观点我们可以发现,"内容"和"形式"并不是两个意义固定不变的概念,而且,他们的关系也是很复杂的。上面四种不同的观点,虽然对内容和形式给出了不同的说法,但相互之间却并不矛盾,因为它们抓住的其实是艺术作品的不同层面,或者对于形式、内容采取了不同的理解。第一种解释来自人们对于作品的简单理解,这种理解借用了人工制品的模式,但由于艺术作品毕竟不是简单的用具,所以,艺术的目的或者内容有着超越表面内容的方面,于是有了第二种解释。但由于人们对于艺术深度内容的认识还要深化,在认识的深化中,对于艺术深度内容的简单理解被否决,于是强调形式,有了第三种解释。但是,形式本身其实就是一个模糊不清的概念,超越于表面有限的形态的东西,可以是形式,也可以是内容,于是,有了第四种解释。在深度解释下,形式和内容可以互变,使艺术理解的发展进入了更加丰富的层面,艺术实践的探索也更加丰富了,艺术作品变得越来越难以理解,审美也变得难了。对于艺术的理解属于人文学科,人文学科的发展模式,不同于自然科学,后者是从模糊走向清晰,而前者是从简单走向复杂。复杂并不带给我们迷惑,反而带给我们探索的激情,使我们一步步靠近艺术的真谛。我们永远无法摆脱语言,所以,对于艺术,可能我们很难摆脱用形式-内容的方式去分析和言说,但是,对于它们之间关系和它们各自内涵的探索,促使它们产生更多的艺术形式和审美体验。

第六章

艺术风格的变迁

　　审美活动,往往是以艺术活动为核心的。艺术活动一般的结构和内涵,我们在前面做了简单的介绍。另外,在第三章关于美的文化和社会性里,我们说,审美标准会随着人群文化以及历史阶段的不同产生变化。这意味着,不同的文化,不同的历史时期,由于人们会有不同的世界观以及对于人性不同的理解和人性的需求,会有不同的审美取向,于是对于艺术,艺术家在创作中会采取不同的创造心理路径,会有对于"什么是艺术"的不同的理想,会有不同的艺术技巧,从而创作出在结构和意义上重点不同的作品来;同样,如果欣赏者处于相同的"语境"里,他们也会有相似的审美路径和取向。尽管每个艺术家、欣赏者和艺术品在个性上都会有自己的特点,呈现出无限丰富的差异,但是,一个时代一种文化,在各自无限丰富的差异中,确实让人感到一种共同的气质。这种共性,我们往往称为艺术的"风格"。

一、什么是艺术风格

　　"风格"这个词,英文叫"style",古代汉语有很多类似的词,如"体性""风骨""定势"等,早期一般用来指人的特点或者说话、言辞的特色,后来用于对艺术特点的评价。不过,就是用于艺术,这个词的涵义也不稳定。有的时候风格是"雅""俗""刚""柔"。有时是"优美""崇高",中国古代文论家刘勰曾把文章的特点分为八类:"典雅、远奥、精约、显附、繁缛、壮丽、新奇、轻靡"。后来司空图所作的《二十四诗品》,从题目来看就把诗的特色分为二十四种。对于一个对象的感受,人们有很多种表达方式,也可以表达对象的很多方面,所以,风格的体会,有的从对象的外观着手,有的从对象的总体着手,有的用自己感官性的词汇,有的词汇则比较玄远;有的风格还来自文体的不同,比如"奏议宜雅,书论宜理,铭诔尚实,诗赋欲丽"。看起来似乎"风格"无非是表达欣赏者对于作品的感受分类而已。

不过,随着人们对于艺术的理解加深,"风格"这个词的意义逐渐稳定到一定的范围,比如说,它应该是一种在艺术品内部比较稳定的特点,这个特点是具有普遍性的,因此,应该跟艺术品创作中比较深度的技巧、态度有关,因为只有这样,它才会体现在多个艺术品中,形成一种普遍具有的特色。

因此,风格首先是一个艺术家在一定时期里甚至一生中创作出来的作品所体现的稳定的、共同的、深层的特点。18世纪法国作家布封在当选法兰西院士的就职典礼上说过一句名言:"风格即人。"也就是说,一个作家写出的作品,就像一个人的人格,人格不变,风格不变;风格低下,人格也高不了。

接着,人们发现,在同一个时代同一种文化里,会有很多艺术创作具有共同性。比如早在春秋时候,孔子就发现郑国那个地方出来的民歌内容和音乐都放纵感情,所以他说"郑声淫"。"淫"在这里主要指不节制、不典雅的意思。这种一个人群的共同的创作共性,会使人把他们归为一个艺术"流派"。对这种艺术共性进行观察,会发现这些艺术一般都具有对世界或者对人生的共同理解,因此对艺术是什么也有类似的观点,也因此,艺术作品产生的路径和技巧也有共同性,往大里说,他们会形成一种"主义"。

对于这样一种共性,应该怎么命名呢?其实在根本上并没有一定的规则,不过,人们总是通过思考,尽量用能够抓住这种共同性特点的名称来命名它们。而且，也有很多理论家深入思考和研究艺术，发掘艺术中深层的、独到的规律，阐发出不同的风格。举两个例子，德国哲学家康德，通过对于人的认识能力的思考，把美分为"优美"和"崇高"，认为前者是人的感性和知性的合作，后者是感性和理性的合作。这种区分，已经成了人们对于美与艺术进行分类的基本知识。德国艺术家史家沃尔夫林（Heinrich Wolfflin），写过《艺术风格学》，专门讨论欧洲文艺复兴艺术和巴洛克艺术的区别，用"触觉"和"视觉"、"线描"和"图绘"这样对于艺术技巧与感受方式的二元区分，来表示艺术对于真实的两种把握方式，从而区别了绘画的两种基本风格。

在人们对于风格的思考中，会逐渐形成一些传统，目前接受度比较广、比较通行的艺术风格的区别，是诸如"古典主义""浪漫主义""现代主义"这样的分类。这种分类和艺术史上具体的史实即艺术现象联系在一起，同时又包含着代表性作品、作家的认定，包含着特定的对于艺术的理解，以及大致的技巧和表达方式。对于人们把握艺术现象，对于通过艺术现象去看到它的本质都有很好的帮助和启发。也因为它们包含上述技术因素，它们也被称为不同的艺术手法、艺术创作方式。

这个比较通行的方式，可以大致适用于对于古今中外艺术现象的整理和理解，不过，由于它的产生主要是源自西方的艺术理论，所以，对于它初步的理解，结合西方艺术史来理解，会更清晰一点，因此，本章对于艺术风格和艺术风格史的介绍，主要依托于艺术史的概括，尤其是西方艺术史的概括来展开。

二、艺术史：艺术风格的变迁

在接下来的部分里，让我们一起进行一场穿越时空的旅程。我们将游历古今，领略那些在艺术发展历程中影响重大的风格和潮流。

1. 艺术史前的艺术：在生产实践中不自觉迸发的生命寄托

旅程的第一站有一个自相矛盾的名称——"艺术史前的艺术"。既然艺术的历史都还没开始，为什么会有艺术存在呢？这是因为远古时期的人没有"艺术"这个概念，他们很可能并没有抱着艺术创作的心态去绘画、演奏、雕刻和建造，但这些"作品"在后人眼中却成了艺术。这是艺术的萌芽期，虽然"艺术"之名尚未出现，在日后蓬勃生长的艺术的各个支脉却都渐渐显露出了痕迹。

最具"艺术性"的原始艺术种类是绘画，那时候人类没有白纸和画布，岩壁是他们展现技术和创造力的媒介。现存最早的岩画被发现于非洲，其年龄大约在三万岁左右，而最著名的岩画当属欧洲的阿尔塔米拉洞窟岩画（西班牙）和拉斯科洞窟岩画（法国）。用今天的眼光看，这些只是用简单的线条和色彩组成的岩画当然显得粗犷简陋，但令人啧啧称奇的是，这些简陋的画作却将野牛和羚羊的勃勃生气精练地表现了出来，甚至连马蒂斯这样的著名画家在看了之后也为之叹服。

雕刻艺术和绘画差不多古老，甚至更久远一些。20世纪初，考古学家在德国南部发现了一个四万年前的石质女性小雕像——这可能是现存最早的圆雕，人们称其为"霍勒菲尔斯的维纳斯（*Venus of Hohle Fels*）"。"霍勒菲尔斯"是它所在的遗址的名字，在当地方言中是"坑洼的石头"的意思。不过可不要因为"维纳斯"这个名字就觉得她很漂亮，她的体态实际上十分臃肿夸张，用现代人的眼光看是完全感觉不到美的。至于浮雕，一般认为它衍生自壁画。岩画如果被画在像阿尔塔米拉那样的洞窟里还好，倘若暴露在户外就难免风吹日晒的侵蚀，没法长久保存。于是人们就用坚硬的物体沿着画的线条刻下去，让画"长"在石头里，这就形成了最早的浮雕。

远古时期的音乐自然不可能流传下来了，但我们可以通过乐器推测它的存在。现存最古老的乐器出土于离"霍尔菲尔斯的维纳斯"不远的地方，是一支大约四万三千年前由鸟类骨头制成的笛子。它的上面有一个 V 形的吹孔和四个音孔，已经可以发出许多高低不同的声音。但如果你想知道的是能听的古代音乐，那就得把时间快进个几千年，来到距今约四千年的美索不达米亚，现存最古老的乐谱（用楔形文字刻在泥板上）就诞生于此时此地。为什么乐器的出现比乐谱要早那么久呢？一来因为在很古老的时候可能并没有固定旋律的音乐；二来，就算有固定旋律的音乐，人们也不一定需要把它记录下来，音乐的传承在师徒之间通过演示和模仿就能完成了。

最后让我们看看建筑。建筑在诸种处于萌芽期的艺术门类中可能是发展最晚的，但这么说又很不公平，因为限于落后的生产技术，原始人的建筑大多是土木结构，万年的沧海桑田几乎不可能让这种建筑保存下来。有幸存留到现在的原始建筑大都由石头构成，比如被发现于法国布列塔尼的石冢，建造日期最早可追溯至公元前 4800 年的新石器时代，或许是现存最古老的人造建筑了，但它却很难称得上美。举世闻名的埃及吉萨大金字塔或许常被当作远古时代建筑美的典范，但修建于四千五百年前的它已经进入了所谓人类"五千年文明史"的范围，不能算作艺术史前的艺术了。

看了这么多历史悠远的"艺术"，我们可能会产生疑问：这些只有被后人才当作"艺术"的作品在创造之初是做什么用的呢？很多思想家、艺术家都提出过自己的猜想。德国艺术史家格罗塞（Ernst Grosse）较早提出了艺术起源自实用的说法，他研究了许多非洲、澳洲、北极等原始部落的艺术形态，发现这些被人视为"艺术"的东西都在生产、社会等方面有着实际用途，"艺术起源于现实的实用动机"这一观点影响非常大，其继承者在后来又分为两派。一派是以俄国的普列汉诺夫（Georgii Plekhanov）为代表的"劳动说"，认为艺术的起源是生产劳动，比如文身源于往身上涂抹的泥土，而涂抹泥土是为了防止蚊虫叮咬，身体的装饰品源于对家庭财富的炫耀，音乐和诗歌源于农耕、狩猎前的呼喊或劳作时的口号等。这一观点支持者很多，而且证据也比较充分，《吴越春秋》记载了中国的一首相当古老的诗歌《弹歌》,诗云"断竹,续竹,飞土,逐肉"(在那时候"肉"和"竹"也是押韵的),描绘的就是制作弹弓进行狩猎的活动。另一派是以英国人类学家泰勒为代表的"巫术说",认为原始的艺术起源于巫术活动,如祭神、求雨、祈求丰产等。像前面提到过的洞穴岩画,研究者一般认为它用于祈祷打猎顺利的仪式,而那个夸张走形的"霍勒菲尔斯的维纳斯"则被认为用于祈祷多子的仪式。

关于艺术起源的其他理论还有以德国诗人、美学家席勒和英国百科全书式学者斯宾塞(Herbert Spencer)为代表的"游戏说"——认为艺术来自远古先民对剩余精力的宣泄,以及由俄国作家托尔斯泰等一干文学家提出的"情感表达说"——认为艺术源于人表现情感、传递情感的冲动,等等。但这些说法大多缺少考古学和人类学证据的支持,只能看作是为他们的思想体系而服务的。

关于艺术史前的艺术,我们暂且参观到这里。旅程的下一站是在艺术历史中光彩夺目的古典风格。

2. 古典风格的艺术:对于真理求索形成的和谐形式

在驶往古典主义风格的路途中,我们可能不得不略过一些风景,像文明之花初绽的两河流域、辉煌灿烂的埃及、盛极一时的巴比伦与亚述王国,等等,这些文明的艺术虽然美妙,却没能形成深刻影响了艺术史发展进程的风格与潮流。让我们直接来到古典风格的代表,位于爱琴海沿岸的古希腊吧!

一提到希腊艺术,首先浮现在人们脑海中的往往是那些巧夺天工的雕塑作品。的确,雕塑可以看作希腊的核心艺术,在法国著名文艺理论家丹纳看来,在希腊"一切别的艺术都以雕塑为主,或者是陪衬雕塑,或者是模仿雕塑",比如"建筑是雕像的住宅,史诗和戏剧是雕像在行动、在冒险、在创立事业",等等。希腊雕塑的核心内容则是"人",包括日常生活中的人、运动场上的人、战场上的人,哪怕是神话中的神明,希腊人也把他们当人来塑造,因为"希腊众神不是别的,正是理想化的人的形象，人的神化"。

　　之所以希腊这么看重"人"，原因可能有以下几个方面：首先，希腊处于三面环海的伯罗奔尼撒半岛，纬度较低，气候温暖，在这样优异的自然环境中，人的体质发育会比较健康；其次，希腊的政治生活以城邦的民主制为主，人们拥有相对宽松的政治与思想自由；第三，希腊人极其重视运动会——现代奥林匹克运动会正是从古希腊的奥林匹克运动会发展而来的。运动会举办时，来自各个城邦的运动员齐聚奥林匹亚一较高下，胜者将享受英雄的待遇，甚至有将自己的雕塑奉入神庙的荣耀。在这三重因素的作用下，人的健壮的形体和昂扬的精神就成了希腊雕塑最关注的东西。这方面典型代表当属现藏于卢浮宫的《萨莫色雷斯的胜利女神》，它被誉为卢浮宫"镇馆三宝"（另"两宝"是《断臂的维纳斯》和《蒙娜丽莎》）之一。这尊高大的雕像表现的是背生双翼的胜利女神尼开（Nike，运动品牌"耐克"的名称来源）站在船头的情形，虽然雕像的头和手臂已经残缺，但通过女神飘动的衣衫、舒展的双翼和挺胸而立的姿态，我们仿佛仍能感受到地中海上呼啸的海风、女神背后将士凯旋的喜悦和岸上民众的欢呼。这种健康、进取、自信的状态正是典型希腊精神的生动写照。

　　希腊的雕塑孕育了古典艺术风格的基本特点。从气质上说，德国的著名艺术史家温克尔曼（Johann Joachim Vinckelmann）称其为"高贵的单纯和静穆的伟大"，希腊艺术孜孜不倦地追求完美与和谐；从手法上说，古典艺术风格意味着众多的形式规则。后者看似对艺术是一种约束，但至少在古希腊这里，这些规则与对"高贵""静穆""和谐"的追求完美地结合在一起，其产生甚至还早于这种追求。在丰富多姿的外表下，古希腊的雕塑艺术其实或明或暗地包含着众多"规矩"。早期希腊雕塑的形制延续了两河流域甚至埃及地区塑像的一些规则，比如创作于公元前 560 年的《青年雕像》（Kouros of Tenea），清晰地反映了身体正立、左脚微微向前等原始规则。而后，希腊雕塑在摸索中也渐渐发展了自己的规则，我们在前面谈到的头身比 1：7 其实就是由希腊著名雕塑家波利克利托斯提出的，此外，他也提出了诸如人体重心要放在一只脚而非双脚、动作和肌肉必须有变化等一系列雕刻时应遵守的法则。除了这些明文规定的法则,还有一些并不成文但追求完美的希腊人无不遵守的惯例,比如所有人物塑像的鼻子一定要是俊美的"希腊鼻"(鼻梁为一条直线)。对希腊人而言,想要达到和谐、完善、美,就必须遵守一系列形式规则。

形式规则的重要性也体现在其他艺术种类上,比如建筑。雅典的帕特农神庙是古代雅典人供奉守护神雅典娜的神殿,自古以来它一直被誉为"完美的建筑"。建筑的立面高宽比大约为 19∶31,十分接近 0.618 这一被希腊人推崇的"黄金分割比",所以正面看上去非常匀称舒适;建筑的线条看起来均为直线,但实际上几乎所有的线条都有一定程度的弯曲,这是因为希腊建筑师发现神庙周围的地势会引起视觉误差,让人把直线看成曲线,所以他们反过来利用了这个误差,主动做出了微微弯曲的线条,好让人在视觉上以为它们是直的;建筑柱子的宽高比大约为 1∶5,虽然比传统上 1∶4 的比例小了些,但纤细的柱子避免了建筑因过于庄重而显得沉闷死板这一弊端,为建筑增添了必要的变化和灵动。正是所有这些在形式上的精细打磨才造就了帕特农神庙的完美。

但在希腊文明中还孕育着另一种对艺术的追求——对"真"的追求。此时它尚与对和谐、规则的追求相辅相成,但在日后,对真的追求将成为冲出古典风格的突破口。

虽说除了一些壁画和陶器彩绘之外,古希腊的绘画几乎没有什么样本存留到今天,但从流传至今的一些故事来看,在绘画领域希腊人是非常重视真实性的。传说两位著名的古希腊画家——宙克西斯(Zeuxis)和帕赫修斯(Parrhasius)相约比试谁更厉害,宙克西斯画了一株葡萄,他的画是那么逼真,以至于在揭开蒙在画上的布时,有小鸟误以为这是真葡萄而飞过来啄食。宙克西斯洋洋得意,催促帕赫修斯赶快掀开布一较高下,但帕赫修斯不为所动。心急的宙克西斯自己跑到对手的画前,准备伸手去揭,但他突然愣住了,然后宣布输的是自己,因为那块布其实是帕赫修斯画上去的。这个故事表明在希腊人的眼中,绘画优劣的评判标准一度在于其逼真性。

但到了古希腊文明的后期,著名思想家亚里士多德的"摹仿论"深化了"真"的涵义。他认为艺术的本质在于对客观世界的摹仿,但不仅仅是一毫不差地摹仿其外形,而是摹仿其真实的本质。据此他提出了一个著名的论断——史诗和戏剧要比历史更真实。在他看来,历史不过是把发生过的事情记录下来,却不反思事件之间的关系和意义,相反,诗和戏剧则可以抓住在事件中发挥本质作用的东西。就比如说特洛伊战争,历史只会把哪一天谁打了谁像流水账一样写在纸上,这样的事实往往只见表象,不见真相。但史诗不同,古代的史诗有一个规则,就是全诗的第一个词必然揭示全诗的核心,比如《奥德赛》的第一个词"见识过一切的人"正概括了整部史诗的内容——奥德赛的漂泊、历险和回归。描绘特洛伊战场的《伊利亚特》的第一个词则是"阿喀琉斯的愤怒",它一下子点明了影响特洛伊最后一年战局的关键:起初,正是因为阿喀琉斯与主帅阿伽门农的争执,使得阿喀琉斯愤而退出战争,希腊联军因而陷入苦战;后来,正是因为好友帕特罗克洛斯的阵亡,阿喀琉斯愤而重回战场,击杀特洛伊大将赫克托耳,希腊联军才重新取得优势,特洛伊城最终陷落。这相比于"流水账"式的历史记录当然更接近事件的真相。正是出于这种理论,亚里士多德才会指责宙克西斯等过分追求表面真实的画家,批评他们的画为"没有性格"。

如果说过分追求表面的真实可能会破坏和谐的美——毕竟在现实世界中没有事物是完美的,那么亚里士多德的理论则是将真实和美结合了起来,在他看来,和谐和完美才是事物的真理,是事物的本真面貌。这样的艺术观念一直影响了亚历山大大帝所开创的希腊化时代,直到罗马的建立。虽说罗马的艺术基本延续了亚里士多德的观念和希腊时期的风格,但在艺术创作上,对现实的真实、而非理想的真实的追求渐渐占了上风。在尚武的罗马人看来,希腊式精致细腻的雕塑显得过于温和与矫饰,他们需要的是正直、朴实、真诚的艺术风格。英语中有一个短语, wart and all, 可以恰到好处地形容罗马式的塑像：wart 的意思是人身上丑陋的疣子，而 wart and all 指的是勇于把疣子和一切缺陷展现出来，绝不遮丑。与希腊雕塑展现人神最完美的形象不同，罗马的人物雕塑秉持着"这个人长什么样就雕成什么样"的原则，所以倘若走进希腊艺术的展厅，你会看见满厅的"俊男美女"，但倘若走进罗马艺术的展厅，你可以看到高矮胖瘦的各种的人物，有的五官不正，有的身带残疾，有的满面皱纹，甚至伟大的凯撒大帝的胸像看起来也不过是一个略显干瘦、头顶微秃的中老年人。在建筑领域，罗马人同样显得务实。与大量建造神庙、祭坛的希腊人不同，罗马人更乐于建设引水渠、浴场、广场、竞技场等公共设施，建筑技术也更加现实。质朴但宏伟的罗马斗兽场便是罗马风格建筑的典型代表。但所有这一切持续的时间并不太久，随着帝国的强盛，罗马艺术的风格渐渐从古典走向了奢靡，夸张的装饰和享乐主题延伸到绘画、雕刻等艺术的各个领域。再后来，基督教成为罗马的国教，在宗教禁欲主义和国力衰落的双重约束下，罗马艺术简直像换了一副面孔一样走向了另一个极端——从形式上看变得简陋，从内容上看宗教题材占了大部分。一直到最后，欧洲最伟大的帝国在内忧外患中灭亡，欧洲文明迎来了"黑暗、冰冷"的中世纪。

中世纪欧洲人的生活完全被两股力量控制着：精神层面是权力达到顶峰的天主教教会，物质层面是大大小小的封建领主。这一时期的艺术已经不属于古典风格了，我们会在后面的旅程中简单展现给大家。中世纪之后，古典风格很快就在欧洲再度兴起。

3. 文艺复兴：以回归古典为名的人性复苏

紧接着中世纪的是文艺复兴时期。文艺复兴产生于 14 世纪的意大利，它的核心是所谓的"人文主义"。为了传达人文精神，克服天主教对文艺和美的领域的长久压抑，文艺复兴时期的艺术家们旗帜鲜明地提出了"艺术要向希腊与罗马看齐"的口号——这就是"复兴"的含义。

文艺复兴的先驱产生在文学领域,代表人物有意大利诗人但丁(Dante Alighieri)和彼得拉克(Francesco Petrarca)。但丁的《神曲》虽是一部集中体现天主教思想的长诗,但在诗中,但丁将罗马诗人维吉尔视为引导自己穿过地狱和净界的导师,并在诗中对古希腊罗马的各位先贤表达了由衷的赞美。在但丁的影响下,彼得拉克创作了史诗《阿非利加》,这部史诗的内容为发生于罗马和迦太基之间的战争,行文风格同样效仿的是维吉尔。

在美术领域,意大利出现三位巨匠——达·芬奇、拉斐尔(Raffaèllo Sanzio)与米开朗琪罗。除了拉斐尔是纯粹的画家外,另外两位都可谓是"全能型人才",达·芬奇在绘画之外还精通雕塑、解剖、工程、音乐、哲学、地理,等等;米开朗琪罗也不仅是雕塑家,他在绘画、诗歌和建筑领域的成就同样高得令人惊叹。现在的西方人还喜欢称具备多种能力的人为"文艺复兴人",这个词的原型显然就是米开朗琪罗和达·芬奇。在这三位大师的作品中,我们能够感受到那久违的"高贵的单纯和静穆的伟大",古希腊对和谐、完美的形式的追求再度占据了顶点,只不过相比古希腊艺术,文艺复兴艺术在这完美的和谐中又增添了一丝人性的温暖。达·芬奇大家都比较熟悉,米开朗琪罗的《哀悼基督》在前面也分析过,在这里,我们就来看看拉斐尔的代表作《西斯廷圣母》。

这是一幅为梵蒂冈的西斯廷礼拜堂而创作的祭坛画,画中的圣母怀抱圣子,被两侧的圣徒接引着向前(即向人间)走去。与《哀悼基督》的风格相同,画中的人物一扫中世纪以来僵硬冰冷的神态,显得亲切和蔼,生动而富有人情味。圣母的脸温柔慈祥,同时又带有将孩子送往人间、替全人类承担罪责的决绝;怀中的圣子似乎一出生就已经感受到了自己的使命和世人的痛苦,稚嫩的脸上显露出一丝忧虑;左侧人物脚边的三层皇冠表明他是教皇,他的动作与神态透出一股急切;右边的女性圣徒则有一张温和美丽的面孔,侧头看着画面底端两位顽皮的小天使。几位人物的神情各不相同,却又融洽地统一在"圣母圣子降临"这一宗教主题中。从构图来看,圣母子和两位圣徒的位置构成了最为稳固的三角结构,两侧幕布的边缘也强化了三角的造型,增强了绘画的庄严感。但拉斐尔同样在三角形的构图中加入了一些变化,比如左侧教皇袍子和右侧女圣徒半蹲的身形分别超出和不及三角形的边缘,但左边舒张加暖色的形象与右边聚缩加冷色的形象在重量感上给人以均衡的感觉,这样的三角构图就显得富有变化、不死板。下方两位顽皮小天使的加入给画作增添了活跃感。总的来说,这幅《西斯廷圣母》虽是宗教题材画,但融合了希腊艺术的精神和人文主义情怀,它的美与和谐千百年来打动了无数观者。在拉斐尔 37 岁英年早逝后,教皇特许将其葬入著名的万神殿,并亲自为其撰写墓志铭:"这里埋葬着拉斐尔。当他在世时,自然畏惧于被他超越;当他离世时,畏惧本身亦随之而亡"。

4. 新古典主义:理性主义指引下的规范构成

文艺复兴之后,西方的艺术又经历了两个重要阶段——巴洛克风格与洛可可风格。与古典主义相比,巴洛克风格更强调曲折感与动感,绘画的流行构图从静态的平行、三角转变为运动中的"S"型、螺旋形等(可参见鲁本斯(Peter Paul Rubens)的名画《劫夺列其普的女儿》),建筑上笔直的线条也被曲线所取代(可参见罗马的圣卡罗教堂)。随着法国皇室的兴盛,洛可可风格逐渐流行起来,并把贵族对精致悠闲生活的追求发挥到了极致。异域情调、自然美景、娱乐游戏代替了曾经那厚重庄严的宗教神话主题,以至于艺术最终像罗马帝国那样走上了纵欲奢靡的路子。下面我们将直接前往古典风格最后的辉煌——新古典主义时代。

历史总是在不断回旋。在经历了一段时间的"放浪形骸"之后,17 世纪末至18 世纪,又有一大批艺术家站了出来,重提希腊罗马的艺术理念,呼唤严肃、和谐与严谨的形式。由于资产阶级的崛起和皇室贵族的衰落,洛可可式审美已经引起了大多数艺术家的反感,这一呼唤很快就蔓延到了绘画、雕塑、建筑、文学、音乐等各个艺术门类。不过与曾经希腊罗马的古典风格、文艺复兴的古典主义相比,新古典主义更加强调规则的重要性。

在绘画领域,新古典主义把线条、轮廓、构图的重要性推到了极致,题材上也大量采用希腊罗马的神话历史故事,法国画家雅克·路易·大卫(Jacques Louis David)是新古典主义绘画的代表人物。大卫在政治上是个典型的骑墙派:大革命爆发时他坚决站在革命党一边;罗伯斯庇尔上台专政后他就追随罗伯斯庇尔,并为此创作了《马拉之死》;之后拿破仑加冕称帝,他又创作了《拿破仑一世及皇后加冕典礼》和《跨越阿尔卑斯山圣伯纳隘道的拿破仑》两幅画来歌颂拿破仑。虽说大卫的人品常为人所不齿,但上面提到的画作却都是闻名世界的精品。在他的创作中,《贺拉斯兄弟的宣誓》是最能体现新古典主义风格的。这幅画取材自罗马的历史故事。在罗马尚未崛起之前,曾与敌国发生过一场战争,双方为了避免太多牺牲便决定各自只派三人出战,罗马派出的便是贺拉斯三兄弟。这幅画表现的就是三人在出征前领取武器,并宣誓为国取胜的场景。整幅画恢复了稳定而庄重的静态构图,左边是三兄弟向父亲宣誓的场面,右边则是为他们坚决赴死而悲伤的姐妹们。画中地板的砖缝线明确地指向了场景的透视焦点——恰巧处在画布的中心处,它与背景中三个均匀分布的门洞一起,让整幅画面显得规则有序;左右两侧在情绪上构成了英勇与悲伤的对比,情绪对比又恰到好处地与光线明暗的对比结合起来,形成了强烈的张力;画中主色调为红蓝白三色,它们是大革命中巴黎国民卫队的旗帜的颜色,而这旗帜在后来成了法国国旗。可见严谨的规则体现在这幅画的方方面面,这给了它震撼人心的力量。但缺点也因此露出了端倪——由于规则设计得过于明显,这幅画也会让人感到一种演戏式的做作。

新古典主义的缺点更明显地暴露在戏剧方面。这时的戏剧创作有一个最重要的规则:三一律。所谓"三一律"指的是戏剧内只能有一个故事,发生在一天之内,并且发生在同一个地点。这一规律的起源可以追溯到亚里士多德,他在《诗学》中规定戏剧模仿的"只有一个完整的行动",并建议故事的时长"以太阳的一周为限"。但亚里士多德并不排斥支线剧情,也没有将悲剧的时间死死限定在一天内,可到了新古典主义戏剧的"立法者"布瓦洛(Nicolas Boileau-Despréaux)这里,三一律成了戏剧家不可违背的金科玉律。此外,在主旨上,新古典主义戏剧也无比崇尚理性、英雄主义与王权道德,压抑人的情感和个人利益。虽说布瓦洛、高乃依(Pierre Corneille)、拉辛(Jean Baptiste Racine)、莫里哀(Molière)等剧作家的成就不可抹杀,但这股风气产生了许多消极影响,它使得欧洲尤其是法国剧坛丧失创造力,死气沉沉,直到启蒙运动之后,新古典主义戏剧才淡出历史舞台。

但在音乐这个艺术门类中,古典主义的精神却散发出耀眼的光彩。与美术一样,此前的音乐也经历过巴洛克主义时期和洛可可主义时期,前者的代表人物为德国音乐家巴赫(J. S. Bach)(鼎鼎大名的音乐巨匠,西方古典乐之父)和意大利音乐家维瓦尔第(Antonio Vivaldi)(你或许听过他的《四季》组曲中的第一首《春》);后者则由于其虚浮华丽的风格,没有什么特别出名的音乐家作为代表(比较有名的有法国作曲家库普兰(Francois Couperin)),相关作品在今天也不常被演奏了。随后,18世纪初,以海顿(Franz Joseph Haydn)、莫扎特(Wolfgang Amadeus Mozart)和贝多芬(Ludwig van Beethoven)为代表的古典主义音乐从德国和奥地利地区走向兴盛。

古典主义音乐和新古典主义艺术同样极其注重规则,但这种对规则的重视反而方便了广大听众对音乐作品的欣赏和理解。首先,各种音乐形式在这一时期得以完善和固定,比如交响曲、奏鸣曲、协奏曲等,以贝多芬的作品为例,大家耳熟能详的"命运"其实是第五号交响曲,"月光"是第十四号钢琴奏鸣曲,"皇帝"则是第五号钢琴协奏曲。每种形式都有自己的一套规则,像交响曲大多是由四个乐章组成,而四个乐章的曲式则依次为奏鸣曲式、慢板、小步舞曲(或谐谑曲)、快板。每种曲式都有自己的规则,比如奏鸣曲式又要分为呈示、展开、再现三部分等等。其次,在创作音乐时,音乐家往往先构思出一些短小的旋律作为"动机",长达几十分钟的音乐作品其实是由这些动机经过变化发展而成的。歌手组合 S. H. E 曾经有一首广为传唱的流行歌曲《不想长大》，它的高潮部分"我不想我不想不想长大，长大后世界就没童话"所采用的正是莫扎特第四十号交响曲第一乐章的第一动机，这一动机长度只有几秒，却在莫扎特的曲子中反复变化和现身。这两大规则对现在的我们来说颇为陌生和复杂，但在当时，却可以让听众们比较方便地"预测"音乐接下来的走向、回忆曾经听到的内容，在很大程度上减轻了听众的负担，而音乐家的任务就是在这个严格的框架内做出巧妙的构思和新奇的变化。可以说，在希腊与罗马两千年之后，古典主义音乐最容易让欣赏者体悟到古典风格那和谐有序、动静合一的美感。大家对音乐的熟悉程度可能不如美术和文学，但为了对西方音乐有更直观的认识，建议大家从古典主义时期那些脍炙人口的小作品入手，慢慢培养起对音乐的兴趣。

音乐的古典主义时期持续的时间也不算长。贝多芬在晚年就渐渐感觉到，按照古典主义风格来作曲已经不足以表达他内心的想法了。于是他在 1824 年做了一个"惊世骇俗"的举动，在历来都是纯音乐的交响曲中加入人声——这就是伟大的第九号交响曲，加入了人声的第四乐章则有了一个更广为人知的名字——《欢乐颂》。《欢乐颂》的歌词来自德国诗人席勒的同名诗作，但歌词的第一句"啊，朋友！何必老调重弹！"是贝多芬自己加上的，这句歌词可以看作他试图突破古典主义风格的宣言。第九交响曲的首演取得了空前的成功，据说演出结束后听众们反复五次起立鼓掌，超过了礼节中面对皇帝起立鼓掌的次数，以至于警察们不得不来到现场维持秩序。三年后贝多芬逝世，维也纳上万居民自发前来送葬。贝多芬的突破成功了，摆在他面前的是艺术的全新时代：浪漫主义风格的时代。

5. 浪漫主义：内心情感像灯火一样放射

总的来说，浪漫主义风格的艺术是这样一种艺术：在其中，客观地模仿世界已经不再重要,遵守规则也不再重要,重要的是表现艺术家内心的情感。之所以发生这个变化,一个关键原因在于,在浪漫主义的时代,人们对"真"的认识发生了改变。前面我们提到过,古典风格的艺术也是追求"真"的,只不过在这些艺术家看来,"真"就是清晰、如实地反映面前的世界。艾布拉姆斯在《镜与灯》一书中用了"镜"这个比喻来形容古典时期的"真",它追求像镜子一样不差毫厘地复现客观世界。与此相对,浪漫主义对"真"的理解则是"灯"式的,浪漫主义者们认识到人类才是"宇宙的精华,万物的灵长"(《哈姆雷特》),只有在人类精神光芒的照射下,原本黑暗的世界才能在我们眼前显露出来。这光芒是人的认知活动、是人的情感,所以外在世界总不可避免地与人的思维和情绪结合在一起——这才是世界的本真面貌,古典主义所追求的那种纯粹的客观性是不存在的,是理性的虚构。那么该如何在艺术中体现这种"真"呢?答案就是不再亦步亦趋地摹仿客观世界,而是返回人的内心,用自己的想象力创造出自己情感的表达方式,只要体现出的情感是真实而强烈的,那么就无所谓表达方式的真实性。因此,"情感的表现"是浪漫主义的重中之重。此外浪漫主义艺术家也极其重视原创性,只有原创,才能证明作品确实出自我的内心而不是别人的内心。一切有碍原创性的东西,比如被古典风格所重视的惯例、规则等,都要被排除在创作条件之外。

当亚里士多德说出"诗比历史更真"时,浪漫主义的"灯"式理解就已经蕴含在其中了。现在,它终于发展成了一股强大的力量,打破了古典风格长达千年的统治,为自己开辟出一片新天地。但是,就像古典主义和新古典主义的兴起需要回顾希腊罗马那样,文明的每一次革新都必然从传统中吸取力量,若非如此,变革便是站不住脚的空中楼阁。于是浪漫主义把根伸向了那片被古典风格所刻意忘记的土地——所谓"黑暗、冰冷"的中世纪。

作家海涅(Heinrich Heine)曾经直言,"回到中世纪"就是浪漫主义的定义。所以在进入浪漫主义的国度之前,让我们先简单领略一下中世纪的风景。如前面所言,中世纪的人完全被两种力量所支配:天主教会支配了人们的精神生活,封建领主支配了人们的物质生活。于是中世纪艺术自然逃脱不了这两个主题,尤其是宗教题材,占据了中世纪艺术的绝大部分内容。不论如何抨击教会的黑暗、宗教的愚昧,源自希伯来文明的基督教终归给源自希腊文明的欧洲社会带来了来自异国他乡的养料(所以西方文明也被称作"两希文明"),在欧洲人的精神中留下了不可磨灭的烙印。宗教关怀的是此世之外的东西,是起源与末日、天堂与地狱中的东西,而人类仅仅存在于这四个时空端点的中间,无论哪个端点都无法被人的感官把握到。所以想要在艺术中表现这些不存在于这个世界的东西,艺术家们必须使用象征的手法。但基督教又和希腊的宗教不一样,前者是一神教,后者是多神教。后者可以把神的世界拟人化,用人的特征、性格、关系和故事来表现神的生活,也就是神话;但前者为了突出神的至高无上性,便认定除了上帝之外没有其他神明,不能用人的形象来比拟上帝,否则就是把上帝降到了人的水平,是对其至高无上性的亵渎。早期的基督教严格禁止"偶像崇拜"——这里的"偶像"指的不是那些值得追捧的人,而是字面意思"人偶和画像"。以基督教为国教的东罗马帝国甚至开展了声势浩大的"圣像破坏运动",不仅砸坏罗马时期的神像,连耶稣、圣母、圣徒的画像和雕塑都要统统毁掉。既然不能用人像,艺术家们只能发挥自己的想象力,不仅从《圣经》和其他宗教故事里不断发掘可以作为象征神性的东西,也要创造出一些前所未有、"脑洞大开"的表现方式。于是中世纪就成了一个充满各种神秘象征的时代:羔羊是耶稣的象征,百合花是圣母的象征,白鸽是圣灵的象征,老鹰、天使、狮子和牛是四福音的象征,绘画里从光芒中伸出的手象征上帝,等等。此外,艺术家们还要负责设计经文里提到的各种奇异的妖魔鬼怪,比如十个头的龙、羊蹄子的恶魔之类的。《圣经新约》的最后一章《启示录》,里面奇诡的想象力完全不逊色于后来的浪漫主义作品:

　　我观看,见天开了。有一匹白马,骑在马上的称为诚信真实,他审判、争战都按着公义。他的眼睛如火焰,他头上戴着许多冠冕,又有写着的名字,除了他自己没有人知道。他穿着溅了血的衣服,他的名称为神之道。在天上的众军骑着白马,穿着细麻衣,又白又洁,跟随他。有利剑从他口中出来,可以击杀列国。他必用铁杖辖管他们,并要踹全能神烈怒的酒榨。在他衣服和大腿上有名写着说:"万王之王,万主之主。"(启 19:11—16)

另一个对浪漫主义有直接影响的因素是中世纪的骑士传奇故事。"传奇故事"的英文为 romance,与"浪漫主义"romanticism 是同源词。中世纪骑士传奇的代表作是《罗兰之歌》。这些故事一般描述的是某位骑士为了保卫领主与宗教,与敌人英勇奋战的冒险历程。与希腊罗马式的史诗与戏剧不同,它们所强调的不再是历史的过程与真理、神人的律法与道德,而是主人公的性格——坚毅、无畏、虔敬、忠诚。为了凸显这些高洁的品质,故事的构思也不再局限于对事件"严肃、完整、有一定长度的摹仿"(亚里士多德),而是把冒险过程自由烂漫地展开,其中可以穿插无数美好的梦幻与恐怖的奇想。重视内在、自由幻想,这些特点都极大地影响了后世的浪漫主义文学和艺术。

在对中世纪简单一瞥后,让我们回到 18 世纪的欧洲。18 世纪初的启蒙运动成了浪漫主义诞生最直接的催化剂。启蒙运动的思想家们为了对抗僵化的宗教政治观念,为了争取人类的自由和平等,提出了两大主张:首先,人应该学会质疑权威,敢于运用自己的理性,凭借自己最真切的感受来认识事物;其次,人要学会尊重和保护自己的天性,天性作为人身上未经文明社会"侵染"的部分,是最纯洁和珍贵的。这两个主张如同风暴一般席卷了欧洲思想界,给长期受封建贵族和天主教会压迫的人们带来了反抗的力量,也在精神上启迪了全世界渴望自由的人。

不过不久,人们也感到了启蒙运动的弊端。这一运动所强调的理性和所宣扬的政治道德观念同样抽象而死板,与它所提倡的重视直觉、重视天性自相矛盾。于是在德国,有一群年轻作家以后者的名义公开批评启蒙运动的消极影响,鼓吹人的天才、个性和自由,掀起了浩浩荡荡的"狂飙突进运动",这场运动被认为是浪漫主义的先声。著名文学家歌德(Johann Wolfgang von Goethe)站在了这场"狂飙突进"的中心,他早年的名作《少年维特之烦恼》是在这场运动中诞生的影响力最大的文学作品。《少年维特之烦恼》通过主人公维特的第一人称视角引领读者经历了他的爱情悲剧,感受了他对德国陈腐社会的控诉,揭示了彼时社会风气对敏感天才的压抑和扼杀。由于小说采用了书信体的形式,相比传统意义上的小说,《少年维特之烦恼》中夹杂了大量的内心独白,维特内心的喜怒哀乐得以像瀑布一般奔流而出,给读者的心灵带来巨大的震撼。这一特点已经预示了浪漫主义艺术的核心——情感的表达与传递。小说出版后,欧洲立刻掀起了一股"维特热",大家纷纷购买、阅读,甚至在日常生活中也热衷于模仿维特的穿着和谈吐,更有传言说拿破仑对此书爱不释手,反复阅读了七遍,可见《少年维特之烦恼》确实准确击中了当时欧洲人的心灵。

虽然狂飙突进运动只持续了二十余年,却像火一般点燃了欧洲艺术家的创作热情,成为启蒙运动与浪漫主义运动之间的桥梁。这把火燃烧到了欧洲各地,也燃烧到了艺术的各个领域,其中最广为人知的莫过于英国的浪漫主义诗歌了。在原始艺术及古典风格艺术的时代,英国一直处在相对默默无闻的位置,但在浪漫主义兴起后,这个悬在欧洲大陆之西的岛国在文艺领域迅速迸射出耀眼的光芒。

英国的浪漫主义诗歌大致分为两派风格,一派以拜伦(George Gordon Byron)、雪莱(Percy Bysshe Shelley)等为代表,一派以华兹华斯(William Wordsworth)、柯勒律治(Samuel Taylor Coleridge)等为代表。前一派延续了狂飙突进式的反抗精神,在诗歌中透露出了为人类自由理想而奋斗的勇气,拜伦甚至亲自参加了希腊的民族解放运动,并在诗歌中塑造出了一批狂放不羁、勇于进取的"拜伦式英雄"。后一派又被称为"湖畔派"诗人,他们更关注自然与人生,诗歌大多抒发对自然风光的赞美,颂扬身处自然时人的快乐与宁静,在人与自然的和谐中进行关于生命和宇宙的玄思。让我们直接感受一下两派诗歌的风采吧:

......

又到了海上!又一次以海为家!

我欢迎你,欢迎你,吼叫的波浪!

我身下的汹涌的海潮像识主的骏马；

快把我送走，不论送往什么地方，

虽然那紧张的桅杆要像芦苇般摇晃，

虽然破裂的帆篷会在大风中乱飘，

然而我还是不得不流浪去他乡，

因为我像从岩石上掉下的一棵草，

将在海洋上漂泊，不管风暴多么凶，浪头多么高。

······

（节选自拜伦《恰尔德·哈洛尔德游记》第三章，杨熙龄译）

······

这一天到来，我重又在此休憩

在无花果树的浓荫之下，远眺

村舍密布的田野，簇生的果树园，

在这一个时令，果子呀尚未成熟，

披着一身葱绿，将自己淹没

在灌木丛和乔木林中。我又一次

看到树篱，或许那并非树篱，而是一行行

顽皮的树精在野跑：这些田园风光，

一直绿到家门；袅绕的炊烟

静静地升起在树林顶端！

······

（节选自华兹华斯《丁登寺》，汪剑钊译）

可以看出两段诗文反映了两种截然不同的风格。前者因大自然的暴烈而感到激情澎湃，后者则醉心于自然的宁静美好。有研究称，两种风格的形成其实源于诗人对欧洲大陆社会变革的两种态度，拜伦等人痛恨社会的弊病，因而积极支持变革的发生，属于"入世"的一派，而华兹华斯等人在动荡的时局中选择"出世"，在隐居式的生活中寻找内心的快乐。但无论政治立场如何不同，两方的诗作却都体现了浪漫主义的"灯"式本质：诗人将自身的情感投射到自然事物当中，从而"万物皆着我之色彩"；投入的情感不同，笔下自然景色的特点也就不尽相同。古典风格中那种和谐完美、自给自足的客观对象已经不存在了，对自然的描写同时就是内心情感的表达。

英国的浪漫主义诗人除了上述的两大派别之外，还有另一个特立独行的天才——威廉·布莱克(William Blake)。布莱克一生过着简单宁静的生活，没有受过正规教育，却在艺术领域天赋异禀。即便你对这个名字不熟悉，下面这四句诗你却应该听说过：

> 一沙一世界，一花一天堂。
>
> 无限掌中置，刹那成永恒。

（徐志摩译）

这正是布莱克的诗作《天真的预言》的前四句。他的诗歌关注的更多是宗教题材的内容，但这种关注并不意味着他是一个倾向于教会立场的保守派，他反而是一个独立思考的批评者。通过文笔隽永、修辞瑰丽的诗句，布莱克重新发掘蕴含在宗教中的哲理，并借这些哲理对现实生活中的现象进行批判。比如这首《天真的预言》，就在字里行间充斥着对充满智慧的"天真"的向往，以及对世上无处不在的邪恶和痛苦的怜悯，并说出了"当真理被恶意利用时，比一切臆造的谎言狰狞"这样锋芒毕露的警句。虽然他在诗歌创作上成绩斐然，但在这里我们还得提一下他在另一个艺术领域的贡献——绘画。布莱克不仅是个诗人，同时也是个险些被埋没的画家，他的画与他的诗风格相近，都是以如梦似幻的个人风格来表现宗教题材。在他的绘画创作中，最具特色的当属他为《圣经》所绘的插画了，尤其是他那22幅《约伯记》雕版插画，流动的线条、大胆的配色仿佛能把欣赏者吸进画中，和画家一同感受那些神圣的幻觉。

既然谈到了画,那么接下来我们就来了解一下浪漫主义绘画的多姿多彩。浪漫主义绘画的先驱是风景画。风景画的兴起是西方绘画史上的一大变革,在古典风格占统治地位的时期,绘画的内容永远是人的故事或姿态,自然风光只处在陪衬的地位。但18世纪末的浪漫主义画家们(以英国为主)开始痴迷于对自然风光,尤其是对狂风暴雨等激烈自然现象的描绘。在大自然中,画家们感受到了远超人类文明所带来的心灵震撼,他们之所以创作风景画,也是为了把这种震撼带给身处工业革命时期污秽不堪的城市中的人们。于是曾经被视为"低级"的风景画在此时成了主角,画中的人事反而降到了陪衬的地位。让我们来看看英国著名画家透纳(Joseph Mallord William Turner)的《暴风雪——汉尼拔的军队翻越阿尔卑斯山》。不论是谁面对这幅画,都会被画中遮天蔽日的风雪所震撼。狂风卷起的雪如同一只漆黑的巨掌在天地间肆虐,一刹间日月无光,好像死神在世间降临。而画中人类——所向披靡的汉尼拔远征军被自然的伟力挤压在画面的边缘,徒劳地伸手向上天祈祷留自己一条性命,可这又有什么用呢?在自然的暴怒面前,人是那么渺小脆弱,不堪一击。前面我们谈到过,在自然美面前,欣赏者具有了类似创作者的心理活动,现在风景画则更直白地说明了这个道理。欣赏者在《暴风雪》面前体会到的战栗与震惊,就是透纳在创作这幅画时感受到的东西和想表达的东西。虽然人的形象在画中不再重要,但就像浪漫主义诗歌那样,浪漫主义的风景画所画的绝不仅仅是风景,同时也是画家的内心。

风景画只是浪漫主义绘画的一个流派,人类的社会与历史同样可以成为浪漫主义绘画的体裁。让我们把目光转回欧洲大陆,轰轰烈烈的法国革命点燃了全欧洲人民反抗暴政的革命热情。如果说社会平稳的英国人在大自然中找到了内心的激情,那么对欧洲大陆人来说,剧烈社会动荡才是内心激情的主要来源。1808年,在拿破仑的侵略下,西班牙王室不战而降,但英勇的西班牙人民迅速在马德里附近组织起义,抗击入侵者。但起义很快就失败了,拿破仑的军队逮捕了大批反抗者,并在未经西班牙政府审判的情况下执行了枪决。这一蛮横残忍的行为使得西班牙画家弗朗西斯科·戈雅（Francisco José de Goyay Lucientes）大为震怒，以此事件为主题创作了《1808年5月3日夜枪杀起义者》。在这幅画中古典风格基本不复存在：用色阴沉而残酷，人物形象不合比例甚至扭曲变形。画面左右一分为二，右边是衣着整齐、秩序森然的刽子手，他们如同无情的杀戮机器一般，把枪口齐刷刷地指向左侧近在咫尺的反抗志士，甚至当欣赏者把目光沿着枪的方向移向这些遇难者时，内心都会感到一丝不安，仿佛自己的目光就是杀戮的子弹。左侧的反抗者们衣衫凌乱，姿势和神态亦各不相同，有的人恐惧，有的人愤怒，有的人哀伤。最吸引人目光的莫过于中间那位身着白衣的烈士，他高举双手，双眼夸张地大睁着，目光中燃烧着不屈的怒火。灯光恰巧照射在他洁白的衣服上，使他周身散发着刺破黑暗的光芒，与这光芒相比，右侧藏身在阴暗处的屠杀者们反而显得有一丝畏缩。更有趣的是，如果观察得足够细致，我们会在这位白衣反抗者的双手上发现贯穿的伤口——这叫作"圣痕"，指的是与耶稣钉上十字架时手脚的钉痕相同的伤口。这个细节告诉我们，戈雅实际上将这位散发着光芒的反抗者视作耶稣一样的人物，他的死将给全世界被压迫者的解放带来希望。英国艺术史家肯尼斯·克拉克（Kenneth Clark）称："这幅伟大的作品无论是在风格、题材还是意义上都是革命性的。"它给了后世画家无穷的启示，马奈（Edouard Manet）的《墨西哥皇帝马克西米利安的枪决》，以及毕加索（Pablo Picasso）的《朝鲜大屠杀》都能明显地看出是在向戈雅的这幅作品致敬。

由于法国是新古典主义的大本营，所以在面对浪漫主义的冲击时法国画坛做出了顽强的抵抗，但这一抵抗终于在拿破仑称帝之后慢慢败下阵来。在这片土地上诞生了或许是最著名的浪漫主义画作——德拉克罗瓦（Eugène Delacroix）的《自由领导人民》。在美术学院学习时，德拉克罗瓦的老师是新古典主义代表人物大卫的学生皮埃尔·盖兰（Pierre Guerin），所以他的画作不可避免地带有古典风格的气质。这幅《自由领导人民》取材自1830年巴黎市民推翻波旁王朝的起义中的真实情境，画面的三角形构图带有古典风格的特色，甚至画面中心挥舞着三色旗的女性角色也很容易让人联想到希腊雕塑中女神的形象。但浪漫的色彩依旧充斥在整幅画之中，让艺术研究者们将其归于浪漫主义的巨作。首先，画面背景里弥漫的硝烟让周围的环境变得模糊，欣赏者几乎认不出来这是发生在何时何地的一场战斗，只有远处模模糊糊地露出来的塔尖告诉人们它是巴黎圣母院，这是在巴黎。战斗场景因而具有了超越时空的象征意义——这不是一场具体的战斗，而是法国人人应当具有的战斗精神。其次，画中人物形象的设计同样是高度象征化的。画中女子的古典特征和手中的三色旗恰好表明她不仅是一个革命者，也是一位降临于世的女神，是法国人民所追求的自由的拟人化。女子右边的孩童、左边头戴礼帽的绅士和身着工人服的战士则意味着法国社会的各个阶级在此刻团结了起来，一致奋战。如果说《1808 年 5 月 3 日夜枪杀起义者》表现的是黑暗与恐怖，那么这幅画恰恰相反，带给人的是光明与希望。在这幅画中再现与象征、写实与想象实现了完美的结合，这使得《自由领导人民》一问世便引起了巨大的轰动，迅速成为法兰西民族精神的标志。

总的来说，浪漫主义绘画的体裁多种多样——可以是宗教，可以是自然，也可以是现实社会，但万变不离其宗的是画中情感的强烈表露。浪漫主义的这种丰富性同样体现在音乐领域，所以最后，让我们了解一下浪漫主义音乐的情况。

在古典风格的最后，我们提到贝多芬大胆地在交响曲中加入人声，靠带有文字的歌唱来直接表露心迹，这已具备浪漫主义的特征。但浪漫主义音乐的发展却非常多元，以音乐表现情感的方式远不止这一种。为了让音乐成为心灵的语言，许多作曲家有意识地减少了交响曲、协奏曲等规则复杂、结构严谨的曲式的创作，转而投向短小精悍的音乐小品，为人们所熟知的肖邦（Fryderyk Franciszek Chopin）和李斯特（Liszt Ferencz）就属于这一类音乐家。小的音乐作品，比如夜曲、浪漫曲、叙事曲、玛祖卡、练习曲等，没有那么多繁复的规则，给作曲家提供了发挥个性的舞台，于是肖邦那暗藏激情的温柔、李斯特那无与伦比的华美，得以在他们的钢琴作品中淋漓尽致地体现出来。

除了创作小品，另一种让音乐具有个性的手段是所谓的"标题音乐"。从巴洛克主义到古典主义，音乐家们都相当排斥给音乐一个具体的标题，因为在他们看来，有了标题就有了具体的内容，这让音乐的"纯粹性"大打折扣。但从贝多芬开始，给音乐一个标题的做法就慢慢流行起来，他曾命名自己的第六交响曲为《田园》（注意，与"田园"不同，"命运""月光"等著名作品的题目是后人加的），并在每一乐章之前都写了一段文字，以表明这个乐章想表达的是什么。贝多芬逝世后，标题音乐在柏辽兹、李斯特等音乐家那里逐渐发扬光大。柏辽兹（Hector Berlioz）是法国音乐家，他的代表作《幻想交响曲》不仅打破了传统交响曲包含四个乐章的陈规，分成了五个乐章，而且各自都有一个故事性的标题——"梦""舞会""原野风光""断头台""魔鬼的舞会"，它们循序渐进地讲述了一个热烈、奇幻又疯狂的爱情悲剧。这个故事取材自音乐家自身的境遇，作品让故事与音乐相结合，尝试大胆的技术创新，让这部作品散发着浓郁的浪漫主义气息。李斯特则被称为标题音乐的开创者，因为"标题音乐"这个词就是他提出的。他的贡献在于，一方面在保守的德国奥地利音乐圈中极力推广柏辽兹，使乐坛开始接受这位不合时宜的天才，另一方面发展了"交响诗"这一全新的曲式。交响诗没有固定的格式，可以只包含一个乐章，也可以分为多个乐章。它的取材一般来自神话故事、文学名著或历史典故，深刻地体现了音乐、文学、绘画等不同艺术领域之间的相互关联。李斯特本人创作了十余首交响诗，如著名的《塔索》《普罗米修斯》等，大多表现了"拜伦式英雄"的主题。

在贝多芬过世后，维也纳的交响乐坛分裂成了两派，一派是以歌剧大师理查德·瓦格纳（Richard Wagner）为代表的"革新派"，他认为古典的路子已经到头了，从而非常认可贝多芬在第九交响曲中的尝试，也赞同李斯特把音乐与其他艺术领域相关联的做法。但瓦格纳又觉得二者都不够彻底，他追求的是真正把各种艺术形式结合起来，成为名副其实的"整体艺术"，而"整体艺术"的最佳表现方式莫过于融合了音乐、歌唱、文学、舞蹈、绘画与建筑的歌剧。他不仅谱曲，也作词、编舞、担当导演，还亲自设计舞台与道具，歌剧艺术在瓦格纳这里达到了辉煌的高峰。1876 年 8 月 13 日，他的名作《尼伯龙根的指环》在他自行设计建造的拜罗伊特歌剧院首演，欧洲各国首脑政要纷纷慕名前来，使这次歌剧演出成为轰动欧洲的事件，延续至今的"拜罗伊特艺术节"也由此诞生。

另一派是以约翰内斯·勃拉姆斯（Johannes Brahms）为代表的"保守派"，他们不认同贝多芬革新交响曲的做法，并继续坚持古典音乐严谨复杂的形式规则。勃拉姆斯的第一号交响曲又被人称为"贝多芬第十交响曲"，因为它第四乐章的结构和旋律明显模仿《欢乐颂》，但是并没有加入人声。勃拉姆斯仿佛在向贝多芬表明：你看吧，你想表达的东西即便在传统的形式下也可以表达出来。但如果你据此认为勃拉姆斯是个固守古典风格的死脑筋，那可就大错特错了。他的音乐虽然谨守规矩、一丝不苟，在内涵上却是不折不扣的浪漫派，甚至在"情感表现"这一浪漫主义的核心要点上比其他作曲家做得更出色。他的作曲风格有点像杜甫的诗歌，在法度严谨的同时洗去了古典主义音乐中的浮华，用严肃深沉的态度表达着内心深处的情愫，从而产生了"沉郁顿挫"的效果。他模仿《欢乐颂》的第一交响曲并不像人们想象的那样是一部草率的游戏之作，而是历经十四年创作打磨的伟大作品；而他晚年的第四号交响曲更是在艺术价值上达到了不可企及的高度，在极其复古（甚至采用了巴洛克时代的"帕萨卡利亚"曲式）的形式中蕴藏了撼人心魄的悲哀与痛苦。上述两派浪漫主义音乐家在当时的维也纳闹得很不愉快，它们各有各的拥护者，双方经常在乐评杂志上相互指责，但它们各自的成就都是毋庸置疑的。只是随着时代的发展，勃拉姆斯那种保守的创作风格渐渐没落下去，瓦格纳派占据了乐坛的主流，培养了无数后继者。

可以说，浪漫主义在艺术发展史中绝对是精彩绝伦的一个篇章，在打破常规、呼唤原创、推崇天才、流露情感的大氛围下，欧洲艺术界成了百花齐放的大花园，无数伟大的艺术作品在其中诞生。同时，浪漫主义既是最接近中国古代艺术追求的艺术理念，也是对近现代中国文艺界影响最大的艺术理念之一。至于"之二"，则是紧随浪漫主义之后产生的现实主义艺术，它是浪漫主义最严厉的批评者。

6. 现实主义：直面生活与改造生活

虽然浪漫主义的旗号是表达内心的情绪，表现内心的"真"，但随着时间的推移，夸张造作的情绪表达、自以为是的狂妄自大等弊端逐渐显现出来，让浪漫主义最终走向了"失真"的不归路。加之欧洲社会的持续动荡和底层人民的痛苦生活，越来越多的艺术家认识到，浪漫主义所表现的光辉场景在现实里是不存在的。于是它们又想起了亚里士多德"摹仿说"的本来含义，回到了"艺术应摹仿现实"这一传统的观念上。但时代背景也赋予了"摹仿现实"以新的要求，那就是不再刻意追求美与和谐，而是关注当下、关注底层，直面生活中的黑暗与丑陋。

现实主义起源于 19 世纪中叶的法国画坛，库尔贝（Gustave Courbet）是其潮流的先驱。按照欧洲绘画的传统，不论是古典主义还是浪漫主义，画家们都喜欢用画笔描绘英雄式的角色，比如前面提到的贺拉斯兄弟、西班牙革命的烈士，以及领导人民的自由女神等。所以当库尔贝将他的作品《奥尔南的葬礼》送往万国博览会时，遭受到评委们的指责和否决就不足为奇了。这幅《奥尔南的葬礼》据说是以画家叔祖父的葬礼为原型绘制的，一般来说，以葬礼为题材的绘画要么是为了表现某位历史神话英雄的悲壮死亡，要么是为了表现宗教的庄严与神圣，可这些因素在库尔贝的画作中统统看不到，人们能看到的只是在普通小镇中生活的普通人的葬礼。灰蒙蒙的天空下，人们穿着黑色的丧服走在破败的土路上，不少人的鞋袜都因此而粘上了尘土。亲友们表情凝重，有人用手绢擦拭着眼角的泪水，但也有人在敷衍和走神，牧师例行公事般地念着悼文，手执十字架的神职人员不耐烦地望向一边。画面中间的下方是下葬的墓穴，这个本该神圣肃穆的永恒居所在画中却显得无比简陋，甚至粗鲁。总之，这幅画里完全没有那些崇高的东西，只是如实反映了奥尔南小镇生活场景的一角。在画评家看来，将这幅画送展万国博览会,就好像在五星级餐厅上了一份街摊烤串一般荒唐。画被评委会退回后,愤愤不平的库尔贝干脆靠着博览会门口搭了一个木棚,将自己的《奥尔南的葬礼》《画室》《采石工人》等四十余幅画作一口气摆出来展示给路人,并以"现实主义"的名字来命名这个迷你个人展。没想到的是,舆论竟然一下子被这个"现实主义画展"引爆,虽说依旧遭到了不少批评,但自此以后推崇者也越来越多,此后,现实主义浪潮竟然慢慢压过了主流的古典与浪漫主义。库尔贝在后来评论说,这幅《奥尔南的葬礼》事实上变成了浪漫主义的葬礼。

　　库尔贝的画作向大家展示了从不被上层社会关注的民间风貌,给现实主义的发展壮大创造了突破口。紧随其后的不仅有杜米埃(Honoré Daumier)(代表作《三等车厢》)、让·弗朗索瓦·米勒(Jean Francois Millet)(代表作《拾穗者》)、伊里亚·叶菲莫维奇·列宾(Ilya Yafimovich Repin)(代表作《伏尔加河纤夫》)等画家,还有诸多文学领域的巨匠。许多鼎鼎大名的文学家,比如司汤达(Stendhal)、巴尔扎克(Honoré de Balzac)、托尔斯泰、契诃夫(Anton Pavlovich Chekhov)、狄更斯(Charles Dickens)、马克·吐温(Mark Twain)、欧·亨利(O. Henry)等,都属于现实主义这一艺术流派。也正是在文学领域,现实主义的锋芒越发显露了出来:它不仅仅停留在如实反映现实的水平上,还积极参与到了批判现实、推动社会改革的历史大潮中。若论作品的深度和广度,巴尔扎克在这些作家中是数一数二的,他用九十多部在同一世界观下的独立小说组成了皇皇巨著《人间喜剧》。"人间喜剧"这个名字源自但丁的《神曲》,"神曲"的意大利语原文为 Divina Commedia,直译过来就是"神的喜剧"。通过"人间喜剧"这一名称,巴尔扎克无疑是要把这"神的喜剧"搬到人间,不是描述地狱天堂里的种种灵魂,而是要刻画现实世界中的芸芸众生。于是一个又一个生动鲜活的人物形象在巴尔扎克的笔下诞生了,拜金自利的高老头,贪婪吝啬的葛朗台,嫉妒成性的贝姨,虚伪冷酷的伏冷脱……这些角色鞭辟入里地揭示了资本主义社会中人性的堕落和社会的阴暗,既打动警醒了当时的读者,至今也仍为人们所津津乐道。

这些影响至今的人物形象体现了现实主义文学创作的核心手法：塑造典型。一般而言，当我们描述一个人的时候，这个人会显得太"个别"，不能代表一种普遍的社会潮流；而当描述一种社会潮流的时候，它又会显得太普遍、太抽象，缺少具体生动的形象来表现。"典型"却是二者的结合，是从某个具体个人身上体现出的社会普遍特征。当我们在小说中读到这样一个角色时，既能感到这是一个活生生的人，又能从他身上发现社会的某种痼疾：就像葛朗台那超乎常人想象的吝啬，我们既明白吝啬是他的性格，又清楚地看到这种性格的根源在于堕落腐朽、物欲横流的社会状况。可以说葛朗台不仅仅是一个人，而是一类人，而葛朗台是这类人中的"典型"。俄国文学评论家别林斯基（Vissarion Belinsky）说："典型性是创造的基本法则之一，没有它，就没有创造"（《别林斯基论文学》）。借助典型，作家们创作出的实际上是一柄柄利剑，直刺时事的弊病。

不过聪明的你也许会产生疑问："塑造典型"的手法会不会在一定程度上违背了"如实反映现状"这一原则？毕竟生活中找不到像葛朗台那么一毛不拔的人，也找不到像贝姨那么善妒的人。这些角色的塑造都包含夸张的成分，是想象的产物，怎么能说是真实的呢？在当时的欧洲，确实有一部分现实主义作家对此抱有疑惑，并因此排斥在小说中塑造典型的手法。这些作家开始追求极端的客观性，形成了现实主义的分支流派——自然主义。自然主义者们把现实主义的锋芒收敛了起来，认为艺术不应抱有什么政治社会立场，艺术的唯一目的在于如实地反映世界，正如自然主义的倡导者左拉在书信中所言，"我看见什么，我说出来，我一句一句地记下来，仅限于此；道德教训，我留给道德家去做。"1879 年，左拉（Émile Zola）在梅塘别墅的聚会上向在场的其他五位作家提议，每人写一篇以普法战争为背景的中短篇小说，于是左拉创作了《磨坊之战》、莫泊桑（Guy de Maupassant）创作了《羊脂球》、于斯芒斯（Joris-Karl Huysmans）创作了《背起背包》、赛阿尔（Henry Céard）创作了《放血》、艾尼克（Léon Hennique）创作了《"大七"事件》、阿莱克西（Paul Aleris）创作了《战役之后》。这六篇小说被左拉汇编为小说集《梅塘夜话》，成了自然主义登上历史舞台的标志。此时的自然主义文学创作虽然刻意避免直接的社会批判，但《磨坊之战》和《羊脂球》的沉静内敛、《背起背包》和《放血》的张扬外露还是能显现出有别于"一字一句记录现实"的个人风格，并且这些小说同样揭露了某些现实问题，虽然没有评论和批判，但揭露本身无疑已经是一种批判了。可到了后来，自然主义对客观性的追求越发偏执，为了回避对社会现实的个人立场，作家们甚至借助科学，开始用自然规律、生物学原理来解释小说情节和人物性格。比如左拉的"卢贡-马卡尔家族"系列小说用"家族遗传"来解释系列主人公的个性和行为，反而会给读者一种牵强的感觉。且不说对于自然科学的依赖让小说的社会意义大打折扣，也不说这些来自科学的解释是否合理，光是"以自然科学解释社会和人物"这种做法本身就已然是一种立场，与自然主义对"无立场"的追求相矛盾。

　　自然主义的问题告诉我们，绝对无立场的"客观"是不存在的，哪怕自然科学也是如此。量子力学里的很多研究已经告诉我们，观察行为本身就会影响观察的对象，更不要说观察者自身还带着自己的语境，根本不会"无立场"地观察。所以现实主义追求的"真实"不应当是这种现成的、排除主观影响的"真实"，而是"哪里出了问题，如何才更好"的"真实"。换句话说，就像在内容与形式那部分里提到的那样，"真实"是一个应然判断，而非实然判断。在马克思主义出现后，越来越多的作家也认识到了这一点，马克思的名言"哲学家们只是用不同的方式解释世界，而问题在于改变世界"同样可以用到艺术领域：艺术不应只是反映现实，而问题在于改变现实。如果说此前的现实主义潮流是资产阶级的自我批判，那么此后，采取无产阶级立场的"社会主义现实主义"在俄国和苏联兴盛了起来。"社会主义现实主义"这个词来自高尔基（Maxim Gorky）在全苏第一次作家代表大会上的讲话，他所创作的长篇小说《母亲》和《敌人》往往被视为文学这一流派的开端。这类作品保留了塑造典型的创作手法，更加注重对人物和事件的社会历史背景的分析，批判旧制度、旧社会的力度也大大增强。

7. 艺术的现代风格：在对艺术本体的思考中重新出发

除了思考艺术该如何改变现实之外，许多艺术家也在思考艺术本身的问题：什么是艺术？只有具备了哪些条件，一个事物才能被称作艺术？这种对艺术本身的思考带领我们走近了本次旅程的最后一站——现代艺术。

说到现代艺术，很多人会觉得头疼。相信大家在逛现代艺术展时都不免发出下列感叹：这东西也是艺术吗？它哪里美了？它想表达什么？这种迷惑感也成了很多笑话的题材，比如一则很出名的笑话说，如果走进一座现代艺术展厅，人们连地上的废纸都不敢随便捡，万一它就是某个现代艺术作品呢！不过别急着笑，这种笑话在艺术史中其实已经实际发生过很多次了。2015年，几位艺术家在意大利的某座博物馆里布置了题为《我们今夜去哪跳舞》的装置艺术作品，他们在地板上摆满了凌乱的酒瓶和彩纸，让展厅看起来像刚举行过狂欢舞会的舞厅一般。但第二天早晨，当人们再次回到现场时却傻了眼：勤劳的清洁工已经把地板打扫得干干净净，只剩下几个装满了酒瓶的垃圾袋。于是不少反感现代艺术的人会发出嗤笑："看吧，说什么现代艺术？明明和垃圾没什么区别！"但不论你如何质疑和挖苦，它们走进博物馆、被人们认可为艺术的事实是不会改变的。所以我们应该带着积极的心态追问："为什么垃圾也能成为艺术？"

想得到这个问题的答案，还得回顾艺术的发展历史。或许你还记得，在"第四种对内容和形式的解释里"我们曾经谈到了自印象派以来绘画的发展历程，也谈到了现代主义绘画的发展动力就是对"绘画"形式的不断质询和挑战。画家们不断探索着"绘画"这一艺术种类所包含的规则、习惯、常规，并一次又一次地打破它们。类似的历程不仅发生在绘画领域，自19世纪中后期以来，艺术家们在各个艺术门类中都开始了对艺术门类本身形式规则的反思。

在音乐领域，浪漫主义打破古典曲式的做法就已经具备了现代精神，但仅仅是初步而已，对先锋音乐家们来说，可以挑战的东西还有很多。对音乐形式而言，最重大的一次突破是奥地利音乐家阿诺德·勋伯格（Arnold Schönberg）创立的"十二音体系"。何为"十二音体系"？通常的音乐是由七个基本音符 C（do）、D（re）、E（mi）、F（fa）、G（sol）、A（la）、B（si）组成的，其中 E 与 F 间、B 与下个八度的 C 间的高度间隔是其他音符间间隔的一半，只有半个音，而其他音符间间隔一个音。这个规律只要看看钢琴上的黑白键分布就一目了然了：钢琴上相邻的黑白键之间相差半个音，只有在白键 EF、BC 之间是没有黑键的。而且在一段旋律中，相邻音符间的高度差也是有规则的，按照和弦规则排列的音符听起来就十分悦耳，如果违背和弦规律，比如两个音符间的差别过小，听起来就很不舒服，因此被人称为"不和谐音"。这样的"七音体系"与和弦规则对至今为止的音乐创作来说如同金科玉律，几乎是不可触碰的底线，而这样的观念在现代主义艺术家们看来自然是可以挑战的。勋伯格决定，首先取消"七音体系"，既然从 C 到 B 之间一共有 12 个半音，那么干脆每个半音都看作一个音符，这样基本音符就从 7 个扩展到了 12 个，所以叫"十二音体系"。既然"七音体系"瓦解了，那么传统的和弦规则也就不存在了，旋律创作因而不必遵循和弦规则，可以任意使用音符进行排列组合。这样创作出来的音乐（一般称为"无调性音乐"）听起来可能并不顺耳，因而在当时遭到了音乐界的强烈抵制。但音乐家们逐渐发现，十二音体系其实大大拓展了音乐发展的空间，给了音乐创作以极大的自由。

取消了"七音体系"与和弦规则，对音乐形式的突破就完成了吗？当然没有。下面给大家展示两个更极端的例子。德国音乐家卡尔海因茨·施托克豪森（Karlheinz Stockhausen）创作过一部钢琴作品叫《钢琴曲十一》，它的乐谱上有 19 段互不相连的旋律片段。施托克豪森在演奏说明上如此写到："演奏者应随机看向这页乐谱，并以他看到的第一组音符作为开始；他应自行选择速度、……、力度和触键方式。在演奏完第一组之后，他应阅读每组后面标注的速度、力度和触键方式，随机选取下一组并按照上述标注来继续演奏。"如果说到勋伯格为止，音乐还是以线性的固定顺序演奏的，那么在《钢琴曲十一》这里，随机性进入了音乐，并成为音乐演奏的主宰。比这更"极端"的是美国音乐家约翰·凯奇（John Cage）的钢琴曲《4分33秒》，演奏过程是这样的：钢琴家坐到钢琴椅上，打开键盘盖，然后静坐，直到4分33秒结束。这部"音乐作品"取消了基础中的基础——乐器，让环境中的杂音成了音乐的内容。

除绘画和音乐领域之外，在小说中取消情节、在诗歌中取消语法、在雕塑中取消形象，各种各样对艺术做"减法"的尝试共同汇聚成了现代艺术的大潮。美国艺术批评家格林伯格将现代艺术的基本原则总结为"形式简化"，可谓一语中的。但格林伯格却仍囿于艺术门类的成见，认为这个"形式"总是某种具体艺术门类的形式，艺术作品不论再怎么化简形式，也不能突破其所在的艺术门类的限制。他以绘画为例说，绘画艺术的所能达到的终点就是一块"空白画布"，不能再发展下去了。但艺术发展的现实却告诉我们，传统艺术门类的划分本身也是要简化的东西。这一趋势已经在我们的日常用语里显现出来了：当面对传统艺术时，我们会说"这是绘画""这是音乐""这是文学"，而面对现代艺术时，我们最常说的仅仅是"这是艺术"。

拿现成物品当作艺术品的"现成品艺术"在取消艺术门类的趋势中发挥了巨大作用。按照奥地利艺术理论家迪弗（Thierry de Duve）的观点，格林伯格所言的"空白画布"已然具有现成品的性质，是绘画与不区分门类的"艺术"之间的过渡。从历史角度来看，现成品艺术的源头可以追溯到毕加索，他曾经用一个废旧自行车的车座和把手拼成了雕塑《公牛》，现成品艺术在这里已经初露端倪。但说起这个领域，最具影响力的莫过于法国艺术家迪尚了。迪尚的《泉》绝对是所有现代艺术都研究绕不开的话题，而它的诞生过程也是一个有趣的故事。

20世纪初，迪尚应邀从欧洲来到美国，成为"独立艺术家协会"的联合创始人之一。独立艺术家协会不满于美国学院派艺术的僵硬体制，于1917年春天举办了第一届独立艺术家大展。该展览"不设评委，不立奖项"，只要缴纳不到十美元的费用,人人都可以带着作品参展。这次展览共吸引了 1 235 位艺术家参与,最小的年仅 8 岁,参展作品则多达 2 125 件。但当看到一件题为《泉》、署名"R·穆特"的小便池时,展览组织者们陷入了争论:它是艺术品吗?能把它摆出来给大家看吗?最终,这件《泉》被颇具讽刺意味地拒之门外。几天后,迪尚向独立艺术家协会提交了辞呈。没错,所谓的"R·穆特"正是迪尚的化名,但故事还没结束。虽然这件《泉》没能参展,但在迪尚种种巧妙的手段下,它的照片、它的遭遇和它对独立艺术家协会的反抗被广泛宣传开来,迪尚凭借自己"打破常规的艺术家"的名号,最终让这尊打破常规的小便池成为公认的艺术品。

对曾经的欣赏者来说,辨别一个事物是否是艺术品的标准在于看它是否从属于某个艺术门类。只要它给自己找到了归属——比方说"它是绘画"——那么它就可以被称为艺术品,区别仅在于它是好的或坏的艺术而已。《泉》的故事让这种传统的辨别方式成了问题。小便池是一个生活中的现成物,不属于任何一个艺术门类,它与艺术的共同点只有杜尚贴在它头上的"艺术"的标签。可迪尚还是成功了,这让人们意识到,使艺术成为艺术的因素好像并不在于事物本身,更无关艺术门类,而就在于这个名为"艺术"的标签。只要这个标签通过艺术家身份、媒体宣传、立场论辩等等手段被人们认可,那么不论挂着这个标签的东西是什么,它都可以成为艺术品。艺术门类则不过是帮助人们认可这一标签的手段而已。这样一来,格林伯格对艺术门类基本形式的执着就显得没什么必要了。

但现成品艺术的威力还不止于此。起初我们曾给艺术下过一个定义,说艺术是"被人创作出来的美的东西"。但现成品艺术已经挑战了这一基本准则。它就来自我们的日常生活,很可能像小便池一样毫无美感可言,而且艺术家直接把它搬进艺术领域,除了贴上"艺术"的标签之外,没有任何"创作"的过程。可即便如此,它还是能被大家视为艺术品。按照我们曾经的定义,不论艺术品是什么、源自什么,它总要经过人的加工创造;换句话说,即便艺术来源于生活,它也总是某种不同于生活的东西——这是古典主义、浪漫主义和现实主义艺术皆求"真"而不得的重要原因。但到了现成品艺术这里，生活和艺术的界限被模糊了，艺术家们不再努力摹仿和再现生活，而是直接把生活里的东西放进展览馆，让生活自身成为艺术。这意味着艺术在经历了一系列的"形式简化"后，终于把"艺术"自身也简化掉了，从此以后艺术不再是一个独立的领域，而成了一个悬而未决的问题：艺术究竟是什么？

　　每一件现代艺术品既是对这个问题的重复，也是回答这一问题的不同尝试。当自行车轮胎、小便池、铲子、广告、垃圾等等看似与艺术无关的东西进入博物馆时，它们都在向欣赏者们提问：你看，我也能成为艺术吗？而它们进入博物馆的事实就已经是答案了：没错，我也可以是艺术。这一答案又将激励人们继续提问下去：既然这也是艺术，那么艺术还可能是什么？这样一来，艺术不再需要定义，不再需要门类，不再需要风格，需要的只是"艺术"这个标签和标签下的各个具体的艺术作品。每一件作品都在扩展艺术的边界，带给人们不同的认识和体验。我们曾经说过，对艺术欣赏而言最重要的是"不同"，这一点终于在现代艺术里得到了淋漓尽致的体现。

　　我们的艺术风格变迁之旅到现代艺术这里就要告一段落了，如果你以后想成为艺术研究者，那么希望这段旅程能帮助你对艺术有一个大致的了解；如果你以后想成为艺术家，那么接下来的风景将由你来创造；如果你只想做一个单纯的艺术爱好者，那么请怀着期待走下去，毕竟艺术以及由艺术为代表的美的世界永远不会让人感到无聊。